致每一个热爱设计的你

超越 STUDIO
SUPER 设计课

解码

功能策划

Decode the
Programming

图解
建筑
前期
设计
创新
指南

聂克谋 著

机械工业出版社
CHINA MACHINE PRESS

在现代社会的多元化需求下，传统的建筑功能设计方式——简单复制资料集中的标准功能组合——已经不能满足时代需求。本书揭示了功能策划在建筑产品创新中的深层价值，为建筑设计提供了一个以往被忽略的思考维度。

本书跳出建筑功能的传统理解，引入系统思维、抽象思维和树形思维，从审视功能的多维特性和区分逻辑开始，到功能之间的组合关系及重构常规功能组合的策略，最后进一步探讨了功能策划在建筑中的具体应用，包括建筑功能的定位、功能的三维和四维复合，以及互联网对实体空间功能组合的重塑，希望帮助读者建立对功能策划的全新且全面的认知框架，从功能策划的角度实现建筑产品的创新，理解新时代建筑功能需求的变化，最终设计出满足甚至超越时代需求的产品。

本书不仅运用了建筑设计、室内设计及城市规划等学科的新案例与经典案例，同时还结合了包括产品设计、经济、商业、互联网等领域的跨学科知识，希望帮助读者提升对设计的认知深度和广度，在复杂的设计挑战中找到符合当下需求的创新性解决方案。本书适合建筑专业及相关设计专业学生、从业者系统了解与学习建筑功能组织，也可作为其他领域人士了解建筑学的入门书籍。

图书在版编目（CIP）数据

解码功能策划 : 图解建筑前期设计创新指南 / 聂克

谋著. -- 北京 : 机械工业出版社, 2024.8. -- (超越

设计课). -- ISBN 978-7-111-76349-9

Ⅰ. TU2-62

中国国家版本馆CIP数据核字第20240J1Q47号

机械工业出版社（北京市百万庄大街22号　邮政编码100037）

策划编辑：时　颂　　　　　责任编辑：时　颂

责任校对：郑　雪　李　婷　　封面设计：鞠　杨

责任印制：张　博

北京华联印刷有限公司印刷

2024年10月第1版第1次印刷

148mm×210mm·4.375印张·1插页·113千字

标准书号：ISBN 978-7-111-76349-9

定价：49.00元

电话服务　　　　　　　　　网络服务

客服电话：010-88361066　　机　工　官　网：www.cmpbook.com

　　　　　010-88379833　　机　工　官　博：weibo.com/cmp1952

　　　　　010-68326294　　金　书　网：www.golden-book.com

封底无防伪标均为盗版　　机工教育服务网：www.cmpedu.com

序

功能是建筑产品创新的核心。在这个迅速演变的时代，建筑设计正站在历史的转折点上。过去，我们的建筑教育和实践常常侧重于**形式和空间的创造**，将功能视为既定的、不容置疑的**"题面"**。设计师面对的往往是考题中已经确定的功能泡泡图或实践中规划好的任务书，他们的角色似乎局限于用创意的形态和空间来展现这些预设的功能组合。这种方法在批量化生产的时代确实满足了快速建造的需求，但随着社会的进步和人类需求的演变，建筑已从单纯的对"量"的竞争转向了对"质"的深度追求。今天的建筑师**不仅是形式与空间的塑造者，更是社会需求的敏锐观察者和积极提倡者**。在建筑项目和各类产品设计中，**功能策划成为确保项目成功的关键环节**。

长久以来，"建筑本体"和"建筑自治"的理念在我们的教学和实践中占据着重要位置。这些理念强调建筑作为一种物理实体的独立性和艺术性，倾向于让建筑师依据建筑学的内在规律（如空间布局、形式美学、材料使用等）来设计，而非更多地依赖外部因素，如客户需求或市场趋势。然而，建筑与其他艺术形式的根本区别在于其内在的使用功能，建筑不仅仅是空间和形态的组合，更是满足用户需求的工具。**因此，建筑设计中，功能策划不应只是设计过程中的背景或既有规定，而应成为设计的起点和核心**。

本书基于我多年在建筑实践与理论研究中对功能策划的深入探索与思考而编写。本书不仅探讨了功能策划的理论基础，更提供了一套全面的功能策划知识体系，用以指导实践。我们深入分析了如何将功能策划的理念应用于具体的建筑设计过程中，包括从功能的多维度拆解到用户需求的深入理解，从空间组织的创新思维到当代功能的组织趋势。本书不仅搭建了一套建筑功能策划的认知与创新框架，更通过跨学科案例的深入讲解，希望帮助读者理解生活中实体甚至虚拟产品的"功能组合策略"，从而**搭建起设计师与真实世界中的各类前沿设计的桥梁**。

本书是对所有渴望在设计领域实现创新和卓越成就的设计师的邀请，书中对"功能策划"的教学内容是全面、系统且创新的，虽难免受限于时代与信息的局限性，仍希望以全新的切入点，帮助大家重塑对设计创新的理解，并打破设计师的能力边界，释放无限的创意潜能。未来已来，希望我们能一起在下一个时代重新定义设计师。

目录

01

概述：理解『功能策划』

一个不等完全、仔细的项目策划完成就动手设计的设计师无异于一个不对顾客量体就开始裁衣的裁缝。

——培尼亚，帕歇尔

第1节　功能：产品的核心价值

一、被忽略的功能策划

建筑到底是什么？以**彼得·艾森曼**等建筑师为代表，他们提倡建筑的自主性和形式上的空间操控，坚持认为建筑应当根据其内在的形式与空间逻辑来创造和表达空间，而不应受到功能需求和外部社会环境的限制。他们的观点是，建筑的实现效果应当超越功能的直接要求，仿佛在玩魔方一样，通过建筑形式的解构、重组和变形来探索建筑的创新可能（**图1-1**）。

图1-1　建筑形式自治（彼得·艾森曼）

然而，这样的创新真的能满足功能需求吗？这是一个值得深思的问题。这种仅从形式、空间出发的观点可能会忽视社会对建筑功能的实际需求，导致建筑设计陷入"孤芳自赏"的状态。建筑的形式创新固然重要，但在设计过程中不能忽略建筑的核心——功能。**建筑不仅是空间和形态的艺术表现，更是为了满足人们使用的实际需求而存在**。因此，功能策划应该成为建筑设计中的关键步骤。

然而在建筑设计和教育的传统范畴内，"功能策划"这一关键概念往往被边缘化，"规定好的功能"被视为设计过程的背景，而非创新的核心。以**2011年全国一级注册建筑师资格考试试题**（**图1-2**）为例，传统的命题方式通常以固定的功能组织为基础，要求考生按照预定的功能需求来构思设计方案，这在无形中忽视了功能策划的创新潜力。这种旧有的思维模式限制了建筑师对于设计创新的探索，将建筑设计的精彩可能性局限于外观造型与空间布局的变化之中。

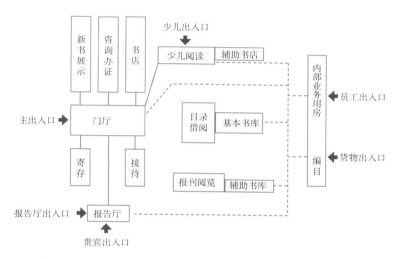

图1-2　2011年全国一级注册建筑师资格考试试题

想象一下，如果我们对手机的理解仍然停留在其最基本的"通信工具"功能，而未能探索和拓展其他功能的可能性，那么无论设计师如何努力创造出外形新颖的手机，它们也难以像今天的智能手机那样，彻底革新我们的日常生活方式。

建筑功能组织的逻辑是对人类生活方式的直观反映。因此建筑功能组织方式应顺应时代的变化、而非一成不变。仍然以图1-2中的"图书馆设计"为例，其功能和价值在数字化时代下需要被重新审视。随着电子阅读材料的普及，传统图书馆在信息技术快速发展的社会发生了角色的转变，对应的实体空间的定义也随之演进。今天的图书馆是否仍需遵循传统的阅览室和书库布局？或者，随着线上与线下生活方式的融合，我们能否为图书馆及其他实体建筑空间赋予全新的功能与意义？

再比如，工业化时期的"大厂"指的是从事加工制造的大型机械厂房；而在当下，"大厂"这一概念可能广泛涵盖了如阿里巴巴、腾讯、百度等大型互联网公司通过计算机办公的场所。随着人类的生产方式发生的根本性变化，"大厂"的定义和其所承载的活动也发生了变化，这意味着对办公空间的功能策划提出了新要求。

人类生活方式的迭代要求建筑提供新的功能组合方式，这也会为建筑设计中的造型和空间设计带来新的可能。这意味着**新时代的设计师已不能忽略"功能策划"的重要性，否则只会做出不符合时代需求的产品**。

二、"陌生又熟悉"的功能策划

虽然"功能策划"在建筑设计领域中是一个相对"陌生"的概念，但在生活中却无处不在。从其他更日常的领域切入，会帮助我们最终更好地理解与定义建筑设计中的"功能策划"。

比如我们熟知的"直播带货"与"菜单设计"就是功能策划的实例。直播间中每件商品其实都扮演着不同的"功能"角色，它们的组合与排序就构成了不同的销售策略。商家在高价商品间穿插低价商品，利用低价商品和赠品吸引顾客注意，进而激发他们对高价商品的兴趣。这种通过精心安排各种商品的展示顺序来吸引顾客、提升销量的行为，就是一种"功能策划"。

餐厅的菜单设计（**图1-3**）也是类似的。每道菜肴都提供了特定的

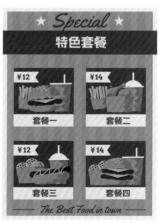

图1-3　餐厅菜单

消费体验——即一个"功能"，而它们是否作为套餐或单点菜品，以及如何组合，都直接影响着餐厅的销售成果。套餐的设计不仅可以推广滞销菜品，还能降低顾客的选择难度，促使他们更快做出决定，有效的"功能策划"大大提升了顾客决策效率和商家产品销量。

再比如，在多文化美食嘉年华上（**图1-4**），来自不同文化背景的摊位展示各自的特色美食。这种做法背后的目的是促进不同文化群体之间的交流。我们可以抽象地认为每一个摊位代表着不同的"功能"，每个功能有着自己的主打用户群体。例如，一名东南亚观众可能是为了自己国家的美食而来，但在过程中也会被其他国家的美食吸引，从而对其他国家美食产生兴趣。这种策略**通过不同类型"功能"的组合来潜移默化地扩大观众的兴趣范围**，这正是功能策划在我们日常生活中的体现。

图1-4 多文化美食嘉年华

我们不仅在生活中会经常接触到由不同"设计师"策划的产品，事实上，我们每个人都担任着自己的"功能策划"设计师。比如时间管理，我们可以把自己要做的不同任务抽象理解为不同的功能。通过绘制一个**时间投资分布图（图1-5）**，我们可以根据任务的紧急性和重要性来区分日程的优先级，进而通过各类事项的合理搭配使得我们的每一天都更加合理高效。

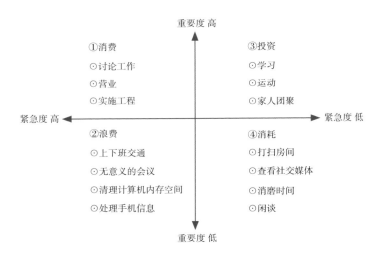

图
1-5

时
间
投
资
分
布
图

可见功能策划与我们的生活息息相关，在标准化的功能布局已经无法满足多变的生活需求的当下，建筑设计师作为大众未来生活方式的引领者之一，更应该积极探索"功能策划"这一重要建筑创新方法，以创造出满足新时代用户需求的建筑设计。

三、建筑设计中的"功能策划"

那么建筑设计中的"功能策划"到底意味着什么呢？我们可以通过与互联网产品设计的对比来慢慢揭示这一点（**图1-6**）。

探索	定义	设计	开发	发布	验证
需求分析	产品规划	产品设计	产品开发	产品发布	验证追踪
市场调研	产品规划	内容规划	开发		上线追踪
用户分析	概念设计	视觉设计	检验	发布计划	验证

图
1-6

互
联
网
产
品
设
计
的
流
程

互联网产品设计的流程通常分为**六个阶段：探索、定义、设计、开发、发布和验证**。在探索和定义的初期阶段，设计师需要分析市场环境和竞争对手，同时确定用户需求和行为，进而构思出相应的商业模式。以上两个阶段就可以被理解为产品的"功能策划"，其决定了产品的基调，对于产品的创新和成功至关重要，在建筑设计过程中，这一策划阶段往往被设计师弱化甚至忽略，反而直接使用资料集中已有的功能组合。随后，设计师通过视觉设计优化用户体验，这与建筑中的方案造型阶段相似。在此之后进入到的产品开发、发布和验证阶段，也均可在建筑设计中找到相应的过程。

我们发现两者的设计过程有非常多的相似之处，因为无论是作为实体空间产品的建筑，还是虚拟空间产品的App，它们本质上都是为用户提供服务和体验的产品。而一个**"产品"不仅限于用户所见的界面，更包括了用户在产品内部的功能使用、功能的逻辑顺序及其使用方式**。在虚拟App设计中，用户与产品的接触不再仅限于单向的视觉交流，而是一个更复杂的互动过程。设计师不仅需要开发创新的功能，还需要合理地按照目标用户习惯排布功能，以创造最佳的交互体验。

以**微信**和**小红书**为例（**图1-7**），它们的界面设计与功能排布都反映了各自独特的核心属性：微信以沟通和社交为主，而小红书则聚焦于内容消费和分享。因此当我们打开微信时，首先看到的是聊天界面，而小红书则是内容发现界面，产品核心功能的区别直接影响了两者的界面出现顺序。

图1-7 微信和小红书界面布局对比

　　建筑产品也是一样的，建筑不是一座艺术雕塑，而是一个承载人类活动与事件的场所。建筑设计需要创造性考虑**用户在空间中的连续使用体验**。建筑师的前瞻性并不应该止于造型设计，而应该覆盖功能设计。这要求建筑师需要对用户需求和市场趋势有深刻的分析和理解，并且培养出能够进行合理且创新的功能选择与组织的能力。

　　这就是建筑设计中的"功能策划"，即在三维空间及四维时间中组织用户行为。在三维方面，设计师需要精心考虑空间布局，比如相对位置和距离等，以确保功能被高效便捷使用。而在四维时间上，关键则在于策划用户体验的顺序，进而创造出流畅而有趣的功能体验。优秀的功能策划不仅可以提升用户的体验，还会为建筑的空间和造型都带来更多的可能性。

　　以**中央电视台总部大楼（图1-8）**为例，其设计打破了传统摩天大楼追求高度的惯例，转而创造出一个三维闭环结构。这种设计不仅具有视觉上的标志性，还深刻考虑了功能需求。大楼的上部承担行政审批功能，下部负责内容制作，而中间部分则负责内容的传播与管理。这种设计为媒体企业打造了一个工作闭环，使得企业能够高效管控从管理决策，到内容创作，再到内容的播出和传播的工作全流程。这座经常被认为是"奇奇怪怪"的建筑，事实上拥有符合逻辑的"功能策划"。

图1-8　中央电视台总部大楼及大楼功能分析

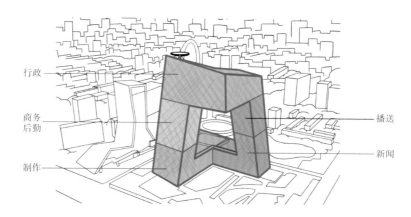

行政
商务后勤
制作
播送
新闻

图1-8　中央电视台总部大楼及大楼功能分析（续）

　　功能策划深刻地塑造了我们的生活方式和社会关系。过去，"邻里关系"曾是社区文化的核心，而今，人们之间的关系似乎变得更为疏远。这一转变在很大程度上可以归因于居住空间功能组织模式的变化。传统**筒子楼**建筑面积有限，为了解决私人空间有限的问题，用户将厨房等功能置于公共区域作为共享空间，这也间接促进了邻里间的交流与互助，营造出一种温暖的社区氛围（**图1-9**）。相比之下，现代建筑往往减少了公共共享空间的比例，走道仅作为连接通道，厨房等功能被纳入私人空间，这种功能使用模式减少了居民之间的直接互动，改变了传统的"邻里关系"。

图1-9　筒子楼里的共享厨房

图1-10　栖息地67（摩西·萨夫迪）

　　"功能策划"经常成为一座建筑的核心创新亮点，体现了建筑师对人类生活的理解与重塑。例如，摩西·萨夫迪设计的**栖息地67（Habitat 67）**（**图1-10**），通过将混凝土盒子以错位的方式堆叠，巧妙地结合了郊区花园住宅的舒适与城市高层公寓的紧凑布局。每个住宅单元不仅享有独特的露天屋顶花园，同时也适应了城市对集约型居住形态的追求。这种在功能上的革新，突破了传统高密度住宅公共空间缺乏的限制，使得住宅功能更为丰富多元。建筑在造型设计上的创意实际上是基于对传统建筑产品功能的批判与超越，因此成为一代经典。

第2节　功能策划的意义

　　功能策划在建筑设计中扮演着至关重要的角色，它不仅影响建筑的实用性，更深远地影响了我们的日常生活和社会关系。例如在城市图书馆中，不当的功能策划，可能会使得阅览区的读者被借阅区的噪声干扰。而创新的"功能策划"却可能实现在图书馆中提供一个市民集会交往的空间，为城市贡献出超越传统图书馆书籍存储的价值。

　　良好的功能策划能够赋予建筑以生命，使之成为满足甚至超越用户需求、促进社会互动的空间。反之，缺乏思考的功能策划会使建筑或城市区域像无人居住的“鬼城”，形同虚设。通过良好的功能策划，建筑**不仅能够为个人提供便利和舒适，还能为建筑开发和城市运营带来丰富的意义**，促进经济效益的提升和城市功能的优化。

一、个体用户角度

　　功能设计深刻影响着人际关系及其交互方式，例如，在传统办公空间模式中，个人空间被一个个办公室隔间严格界定，人与人之间的等级关系也对应非常清晰。而现代互联网公司的办公空间如**谷歌湾景园区（Bay View campus）（图1-11）**则倾向于采用开放式的工作环境。这种设计理念不仅最大化了空间的使用效率，而且强调了创新、合作、共享和快速响应的工作文化。这样的开放式办公布局，不仅促进了员工间的沟通和协作，也对企业的整体运营和发展产生了积极影响。

　　功能策划也为个体创造了新的空间体验，比如在零售空间中，前瞻性的功能策划能够贴合变化中的消费观念和生活方式。传统的零售空间通常仅仅满足顾客的购物需求，导致客户在单纯购物后没有继续停留的理由。然而，当前一些商业空间通过创新的功能布局，成功地吸引了人们前来参与社交和体验式活动。**长春的“这有山”（图**

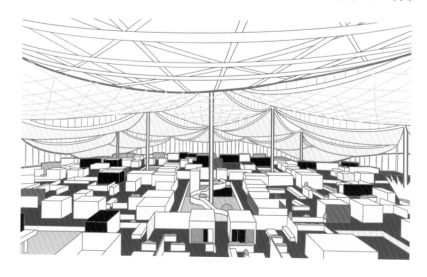

图1-11 谷歌湾景园区（BIG + Heatherwick Studio）

图1-12 长春「这有山」

1-12）便是此类设计思路的杰出代表，该项目通过结合多样化的建筑风格和创造充满故事感的环境，为顾客提供了仿佛置身山林中的独特购物体验。这种设计不仅丰富了消费者的活动选择，也让购物中心成为如公园般的城市交往空间。

二、建筑开发角度

对于建筑开发团体而言，功能策划直接影响到项目的经济收益，是设计前期最重要的考量因素。以机场设计为例，功能策划揭示了功能布局与经济效益之间的密切联系。如果仅仅将机场构建为基础的交通枢纽，这意味着旅客在此的时间将仅仅是等待和浪费。然而，设计师通过巧妙的功能配置，将传统的等候区域转化为融合购物、餐饮、娱乐等服务的一站式综合空间，不仅极大地丰富了旅客的机场体验，也将等待时间转变为具有经济价值的体验。这种设计不仅提高了用户满意度，也为机场运营商带来了额外的收益。

新加坡樟宜机场（图1-13）就是这样的优秀功能策划的典范，它超越了单纯的交通枢纽，成为一个综合体验空间。它巧妙地将商业空间与自然景观结合，创造了包含世界最高室内瀑布"雨漩涡"的独特空间。同时还提供了多元化的购物和休闲体验，为旅客带来了超越"候机"的经历。通过对枢纽功能的重新策划，机场本身成为一个旅

图1-13　新加坡樟宜机场（2019）

游目的地，吸引着更多国际游客，同时也显著增加了商业租金收入，创造了显著的经济效益。

　　位于曼谷的著名商场**暹罗天地（ICONSIAM）**（**图1-14**），巧妙地将泰国传统水上市场元素整合至建筑的底部区域，提供了丰富的泰国美食和手工艺品售卖场地，从仿古的船只到市场摊位，无不展示着泰国独特的文化魅力，创造出一个独特的购物和体验空间。这种创新的设计不仅成功吸引了众多游客前来探索和体验，也为整个商场带来了活力，激活了其他商业区域，成为商场的一张名片。建筑师通过细致

图1-14　暹罗天地（ICONSIAM）

的规划和设计，不仅为建筑带来了趣味，同时也打造出差异化的建筑产品，进而能够有效地协助运营方实现更高的盈利目标。

三、城市运营角度

当我们在考虑单栋建筑时，不能仅仅停留在满足其本身基本的功能或美学需求，还需要精心考虑**其与城市整体的关系**，努力确保每一次的设计决策都能够促进城市的高效运作和提升其整体形象。同时，如果有机会站在一个城市运营者的角度思考，我们还需要精心考虑**不同建筑之间的功能搭配关系**。

每一个建筑的功能策划都会对其所处的城市环境产生影响。以高铁站为例，由于轨道和车站的占地面积极大，高铁站的存在将对其周边区域的连贯性产生影响。第一代的高铁站通常被定位为纯交通枢纽，因为其对城市的分割影响，位置常常在城市的边缘新城区域，如**广州南站（图1-15）**。

通过创新的功能策划，我们则可以使得一个建筑超越其基本功能。第二代的高铁站便经常布置在城市中心，通过更丰富多元的功能策划，进而可以与城市有效发生互动，成为联系城市周边的"节点"。例如，将高铁站融入城市景观，它就能够转变为城市的公共地标，增强城市的整体吸引力。**中国香港西九龙高铁站（图1-16）**便是第二代高铁枢纽的典型代表，它的地景化设计不仅保持了城市的连续

图1-15　广州南站

图1-16　中国香港西九龙高铁站

性，还提供了优质的公共空间，甚至为周边地区带来了价值增长。

纽约的高线公园（**图1-17**）同样是建筑功能策划影响城市形象的典型案例。纽约曾经的废弃铁路线，一度成为城市景观中的断裂线，通过设计师与政府及非政府组织的紧密合作，这一裂痕被巧妙转换成了一处充满生机的城市公园。这个创新项目不仅成为纽约的标志性景点，还有效降低了该区域的犯罪率，并促进了周边地区地价的上涨，为纽约城市形象添上了亮丽的一笔。

图1-17　纽约高线公园

图1-18　广州珠江新城CBD

　　相反，城市功能配置的单一会导致城市空间在特定时段的效率降低。如**广州珠江新城CBD（图1-18）**，集中了办公和商业功能，却忽略了融入社会服务、文化娱乐、教育资源以及居住的多样性。这种单一化的功能布局，往往导致城市空间在非工作时间段冷清，而缺乏活力。如何通过功能的合理搭配使得城市空间保持"全时性"活力也是城市的设计者需要仔细考量的问题。

　　功能策划不仅仅关乎空间的实用性，更关系到建筑如何促进人际交往、激发社会活力以及提升城市品质。不论是细微的个人体验，还是广阔的城市运营层面，一个优秀的功能策划都将为建筑产品品质带来极大的提升。设计师应当**运用系统的方式理解功能、驾驭功能**。

第3节　系统思维解构功能

一、系统思维的价值

　　功能策划是决定建筑产品成功与否的关键因素，但面对复杂的功能需求，如何能够系统性地解构并精准掌控功能布局呢？实际上，就如同我们在生物学中了解的生态系统，功能的组织亦可视为一种"功能系统"，其中**不同的功能元素通过特定的逻辑相互连接**。要直接理解这样一个庞大的系统无疑是挑战重重，但借助系统思维，我们可以**将复杂性分解**，通过这种方法控制并创新功能布局。

系统思维的掌握对我们极有价值。在这个信息爆炸与人工智能时代，获取信息易如反掌，关键在于如何有效**组织与利用**这些信息。这要求我们培养一种能够主导自身学习路径的思维方式，从而成为更加高效的学习者。不论未来我们面临哪些新的知识挑战，**系统思维都将是我们快速理解与掌握它们的强有力工具**。

因此，通过建筑学习，我们不仅需要了解关于建筑设计本身的知识，更应该在这一过程中进行深层次的思维反思，去**理解并驾驭"我们理解世界的方式方法"**。

系统思维，简而言之，是一种管理和整理复杂信息的方法。一个系统由多个相互关联的元素组成，形成一个功能完整的有机体，但其整体的功能并非简单元素叠加的结果。无论是生态系统、社会系统还是网络系统，本质上都属于系统范畴。

我们可以通过构建简单的模型来描绘系统（**图1-19**），目的在于实现特定目标，通过元素间的不同联系——如协同、互补或竞争——组合起来，以达成期望的建筑产品目标。功能系统，作为建筑系统思维中的关键维度，与造型系统、空间系统并行，是理解和创新建筑设计不可或缺的组成部分。

通过元素、关系、目标的拆分逻辑，我们可以将看似"混沌"的世界进行有序拆解，进而可以更轻松地去理解复杂系统的每一个部分，在本书的后续章节，我们就将通过这种方法来理解功能。

图1-19　组织架构能力图解

二、功能的解构与创新

通过将系统思维应用于建筑设计的功能策划中，我们可以借鉴烹饪的过程来深化对这一概念的理解。烹饪艺术在于精心选择食材和采用适当的烹饪技术来创造出期望的味觉体验；类似地，在建筑设计中，精挑细选的功能元素和它们之间的巧妙组合目的是塑造出理想的空间功能体验。这种从烹饪到建筑的类比揭示了两者之间的内在逻辑相似性和过程上的共鸣，也为我们提供了一种**熟悉而亲切的视角**来看待建筑功能的策划与创新。

为了全面掌握功能系统，我们需要分解其构成，从宏观角度理解我们要如何对知识进行分解学习，**进而掌握整体脉络**。对细节的拆解与分析则将在后续章节进一步展开。

首先，**明确研究范围**的重要性不可忽视，它使我们能够聚焦于核心问题，排除干扰信息。在烹饪中，这意味着专注于达成预期风味的目标，暂时略过摆盘美观等后续步骤。同样，在建筑设计中，我们首先需聚焦于功能目标，而暂时放置空间形态等其他方面的考量。这种方法不仅简化了复杂问题的处理，也确保了设计方向的明确性和准确性（**图1-20**）。

"烹饪艺术"

目标是菜肴需呈现的感官体验
方法是通过调味对食材进行处理

"功能策划"

目标是空间承载活动所需的功能
方法是策划调节功能间的关系

图1-20 研究范围类比

继续深入，我们必须掌握**每个要素独特的特性及其独立运作的方式，这是进行要素组织的基础**。在烹饪艺术中，这意味着理解每种食材的独特风味和属性；在功能策划的领域里，这等同于从多角度深度分析和解构功能的特性。

在明确每个基本元素的作用之余，我们也需要了解它们之间的**相互作用，即组合的逻辑**。如同烹饪中食材的互补和相冲，建筑功能之间也展现出类似的协同或对立关系，这些关系是设计过程中不可或缺的考量因素（**图1-21**）。

图1-21　要素特性类比

"烹饪艺术"

食材的特性：
风味特性、营养价值
搭配原则、烹饪方式

食材组织关系：
正反馈：融合、互补
负反馈：冲突、单一

"功能策划"

功能的特性：
空间结构、使用目的、使用性质
使用时间、布局灵活性、盈利性质

功能组织关系：
正反馈：寄生、互惠
负反馈：互斥、重复

　　　　在理解了基本元素与其组织关系后，我们需要通过**建立系统模型使这种组织关系可视化**，使我们能够在更宏观的层面上把握和操控复杂系统。烹饪中的菜谱，以其明确的指导原则、步骤顺序和元素关系，为我们提供了一种理解和应用复杂烹饪过程的模型。同样，在功能策划中，我们运用泡泡图等工具建立起一个直观的系统框架，捕捉和解析功能间的关键互动。这种模型化的思维方式，无论是通过流程图、数学模型还是图解，都旨在简化复杂的系统，是通过抽象思维的方法，让我们能够以更加清晰和有组织的方式理解和塑造建筑功能的相互关系，进而在设计中实现创新和效率的提升（**图1-22**）。

图1-22　系统模型类比

　　　　最后，是**确定各个要素连接的目标，即用户的需求**。这一过程类似于在烹饪中明确菜肴所需满足的特定口味或营养需求。对于建筑设计而言，这意味着深入考虑建筑将如何服务于社会、城市以及最终用户，预见其在未来环境中的角色及其响应时代需求的方式。这一步是连接抽象的功能系统与具体设计实践的桥梁，确保设计方向与社会和用户需求同步（**图1-23**）。

图1-23　用户需求类比

"烹饪艺术"　　　　　　　　　　"功能策划"

食材的定位：　　　　　　　　　建筑的定位：
文化角度、味觉角度、营养角度　社会角度、城市角度、用户角度

烹饪的时代需求：　　　　　　　建筑的时代需求：
健康化、个性化、体验化　　　　复合化、打卡化

系统模型的构建不仅是对功能关系的直观描绘，它也铺垫了创新的基础。 深刻理解系统的构成和运作机制后，我们可以通过替换组成元素或调整它们之间的连接方式，探索新的设计可能性。就像椰子鸡火锅的创意来源于对传统牛油锅的重新解读（**图1-24**），通过改变关键成分但保持核心烹饪逻辑不变，便创造出全新的美食体验。

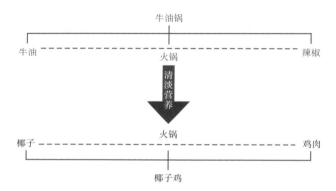

图1-24　创新

同理，在建筑设计中，对功能元素的重新组合或逻辑调整能激发出创新思路，为建筑设计带来新的灵感和解决方案。以**万神庙**和**埃克塞特学院图书馆**（**图1-25**）为例，这两座纪念性极强的建筑展示了如何在维持一个相似的功能组织架构的同时，实现从经典神庙到**"图书的圣殿"**的创造性转换。万神庙的每一个构造元素都紧密对应着其特定的功能：门廊标志着入口空间，厚实的墙体内嵌着用于小型祭祀的壁龛，而雄伟的穹顶之下则定义了主要的祭祀空间。相对地，埃克塞特学院图书馆采取了相似的结构功能对应逻辑——A-B-C，通过替换其功能要素进行现代转译：将入口空间转化为阅览区，将壁龛空间转

图1-25　万神庙（左）和埃克塞特学院图书馆（右）

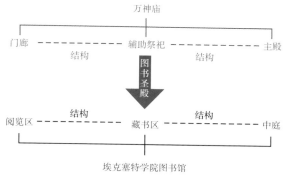

变为藏书区，中心区域由原本的祭祀大殿演变为公共的中庭空间。可见，创新并非 "从天而降"，而是基于对原有系统深刻的理解和反思后的有意重构，从而开辟了新的设计方向和可能性。

通过细致解析其组成要素及其交互关系，我们得以建立一个清晰的系统模型。这种简化建模的方式不仅帮助我们对系统内在逻辑实现判断，还为我们进行系统的创新与改造提供了坚实的可视化平台。通过调整或替换系统内部某些关键元素，或是重新配置它们之间的连接模式，我们不仅能够极大提升整体功能系统的性能与效率，还能在此过程中发掘出创新的设计思路和解决策略，为建筑设计注入新的活力与深度。

本章小结

本章我们探讨了功能策划在建筑使用体验中的核心地位，尽管在传统建筑实践中对其有所忽视，但在当代的建筑设计中，功能策划将成为产品创新的核心突破口。功能策划的核心目标在于调整功能在空间与时间中的关系，一份深思熟虑的功能策划对用户、开发商以及整个城市的价值是不可估量的。

在本章中我们也引入了系统思维作为解构和组织功能元素的工具，通过明确研究范围、细致分析每个元素、建立系统模型以及深刻理解系统目标的步骤来理解功能组织。这种分析方法不仅适用于建筑设计，也是我们理解和解决复杂问题的一种普遍策略。系统化的功能分析是创新设计的基石，它使设计师能够有效地应对时代挑战，创造出既实用又具有前瞻性的建筑作品（**图1-26**）。

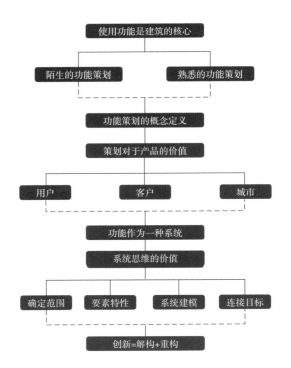

图1-26　本章小结

·· **章节阅读打卡** ··

印象深刻的地方（感想）：

想要提问的问题：

02

特性：功能的解构与分类

我相信人们的生活方式在一定程度上可以由建筑来指导。

——安藤忠雄

第1节 分类：功能策划的基础

为了深入挖掘功能层面的创新潜力，我们必须从功能解构的视角入手，细致探究每个元素的本质属性。解构过程的首要步骤是进行分类，面对多样化的目标与需求，一套清晰而有逻辑的分类法则能够有效指导我们筛选和组合所需功能。在建筑设计领域，我们可以依据以下六个核心维度来将功能进行分类：**空间关系**、**使用目的**、**使用性质**、**使用时间**、**布局灵活性**和**营利性质**。在不同的设计需求中，这些维度会帮助我们聚焦于特定的功能组合逻辑。

第2节 建筑功能的描述参数

一、结构：服务与被服务

在研究功能组合的过程中，理解**"服务与被服务"**这一经典概念十分关键，**被服务功能指的是用户在建筑中的主要活动区域**，这些空间直接服务于建筑的主要用途和用户的核心需求。例如，在一个住宅建筑中，客厅、卧室和厨房可以被视为被服务空间，因为它们是居住活动的主要场所。**服务功能则包括那些提供支持和辅助以使主要活动得以顺利进行的空间**。这些空间虽然对于日常使用者来说不是直接活动场所，但它们对整个建筑的运行至关重要。

不论是在设计中还是生活中，辅助后勤功能都经常容易被我们忽略，进而对被服务功能的运作效率造成影响。例如，在讨论商业交易时，我们可能只关注到生产者和消费者之间的关系。然而，一个完整的商业闭环实际上依赖于更广泛的参与者，包括但不限于批发商、零售商、物流提供者以及提供支持的广告营销和金融机构（**图2-1**）。这些辅助角色在确保交易顺利进行过程中，承担着至关重要的作用，是

图2-1 商业交易链

一个策划者必须全方位考虑的问题。

在建筑设计中，服务空间的重要性不容忽视，它们常常占据整体空间30%或更多的面积，为建筑的核心活动区域——即被服务空间——提供了不可或缺的支持。为了确保被服务空间的有效运作，所有的服务功能都必须在合适的距离内与之相连以支持空间的正常运行。

以商业空间的设计为例，在我们日常游览商业中心的过程中，眼前所见多半是购物区域，但若细致探究建筑平面布局，就会发现隐藏于商铺之间的服务空间网络，这些服务空间承担着后勤支持、物流运输、辅助交通等关键角色。通过功能的合理组织，建筑实现了消费者购物流线与后勤人员流线相互独立（**图2-2**）。设计师通过合理地组织

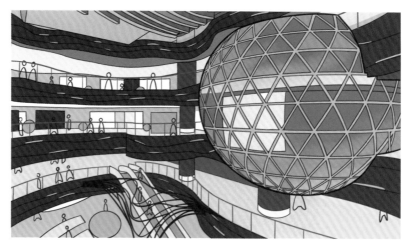

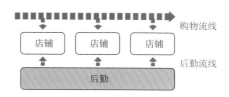

图2-2　K11 MUSEA（KPF事务所＋RLP事务所）

服务与被服务空间的关系，既保证了建筑的正常运行，同时也为游客提供了一个不被后勤干扰的购物空间体验。

　　我们可以将服务功能和交通流线视作建筑的"骨架"，支撑着被服务空间的正常运作。以**同济大学建筑与城市规划学院C楼（图2-3）**为例，我们可将北侧的小房间、会议室、办公室和卫生间等功能空间认为是建筑的"服务空间"，为教学区域提供配套功能。服务空间与中庭交通空间共同形成了建筑的"骨架"，支撑着南侧的教室等被服务功能空间。通过这样的设计，确保了建筑布局的逻辑性和清晰度，公共的教学区域与私密的辅助功能互不干扰。

　　在建筑设计的初步阶段，我们需要精心考虑和规划服务功能与建筑整体空间结构的关系，否则在方案深化的过程中如果随意在建筑中插入服务空间，可能导致建筑内部空间混乱，影响整体的空间效果和

图2-3　同济大学建筑与城市规划学院 C 楼

运行效率。

　　服务与被服务的关系是相对的。所谓的被服务功能，指的是那些定义了建筑主要目标的空间——例如，办公楼的核心目的在于提供办公空间。相应地，服务功能则是指那些支撑和促进主要功能运作的配套空间，如储藏室或后勤支持区域。然而，在不同类型的建筑中，这些功能的角色可能会改变。例如，在博物馆中，展览空间才是主要功能，而办公区域则成为支持性的服务空间（**图2-4**）。**因此，根据建筑的特定功能需求，我们应灵活地区分哪些空间是作为主要目的被服务空间，哪些则是提供必要支持的服务空间。**

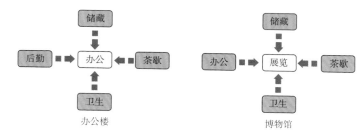

图2-4　办公楼与博物馆功能策划对比

二、目的：强目的性与弱目的性

　　在讨论建筑中"服务与被服务"的空间关系后，我们进一步深入到功能使用目的的解构，将功能区分为**强目的性与弱目的性**。强目的性指的是某个功能或空间的主要和核心目的，通常是人们特定寻求的主要活动或需求。而弱目的性则指辅助性或非主要的功能和空间，这些可能不是人们最终的目标，但在满足主要需求的过程中可能会使用或参与。

　　以我们熟悉的快餐连锁麦当劳为例，对大多数人而言，访问麦当劳的主要动机可能是为了享用汉堡包或其他主食，这便是具有强目的性功能的产品——即顾客光顾麦当劳的核心目标。相对地，弱目的性描述了在实现主要目标过程中，顾客可能意外地被其他项目吸引并做出购买决策。例如，当顾客购买汉堡包时，他们可能会被套餐吸引进而购买薯条或可乐。这种现象展示了强目的性如何有效地促进弱目的性功能的实现，即通过主要购买动机来增加额外消费的可能性。

在建筑设计中，强目的性与弱目的性功能的概念同样适用。以人口密集的中国香港为例，垂直商业空间的设计面临着如何吸引人流至高层的挑战。高层的商业空间若缺乏访客，将难以租出，从而影响收益。**中国香港的Megabox商场**便是一个典型案例，它通过在不同楼层间设计吸引人的空间，如空中中庭或空中溜冰场，提供了强大的目的地吸引力，鼓励人们主动探索高层空间。人们通往目的地的过程中也会经过其他商铺，自然而然地激发了额外消费，增加了建筑的商业价值（**图2-5**）。

同时，设计师将停车场布置在空中不同楼层，也是运用强目的性功能的策略之一。这样的设计强制需要停车的访客到达高楼层，进而增加高层区域的价值。这些设计策略巧妙地利用了强目的性功能，以促进弱目的性功能的实现，为建筑带来了更多的盈利机会。

以DS+R事务所设计的**哥伦比亚大学商学院（图2-6）**为例，该建筑通过其创新的教室布局，有效促进了学生与教师之间的互动交流。传统教学楼的布局模式往往将学生教室与教师办公室分隔，从而限制了师生之间的直接互动。相反，该建筑通过将学生教室与教师办公室相互混合布置，使得师生达到各自的强目的性功能空间的动线相互交

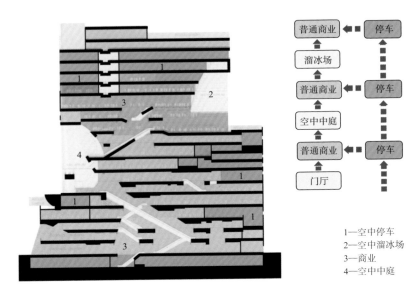

1—空中停车
2—空中溜冰场
3—商业
4—空中中庭

图2-5　中国香港Megabox商场

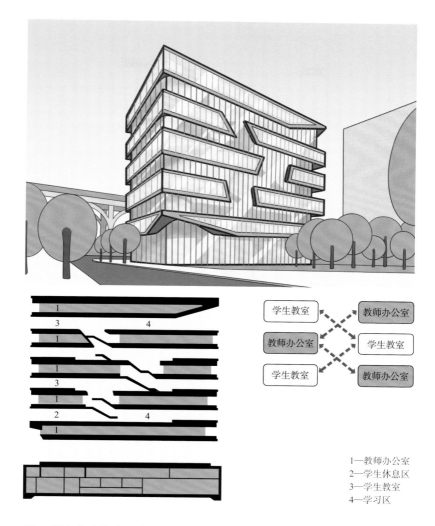

图2-6　哥伦比亚大学商学院（DS+R事务所）

1—教师办公室
2—学生休息区
3—学生教室
4—学习区

织，师生在去往自己的目的地过程中会"路过"对方的"领域"，进而自然促成了师生间的交流，激发更多的思维碰撞。通过对强目的性功能空间的重新组合，设计师创造出了全新的教学空间产品。

　　不仅限于建筑，城市规划中也存在强目的性与弱目的性功能搭配组合的考量。为了创建强目的性锚点进而吸引人才，城市需要发展并强化其独特的特色产业。例如，美国的硅谷因其世界领先的科技公司而成名，而中国的海南岛则以其丰富的旅游资源而知名。这些区域的特色产业定义了城市的强目的性功能，促进了大量专业人才和游客的到来，这进一步激发了对弱目的性功能，如住宅和其他服务的需求，进而为城市带来发展资源。**"以强带弱"的功能策划逻辑**在城市规划到建筑设计的各个层面上均具有普遍适用性。

强目的性功能的规划对于确保建筑的有效利用和促进城市的可持续发展至关重要。通过打造独特的特色，建筑或城市能够吸引更多的人流和资源，从而促进经济的增长和繁荣，形成一个积极的循环。此外，精心布局的强目的性功能还能有效地引导人流，优化空间使用。因此，在功能策划阶段，应该有意识地**区分功能目的性的强弱**，并利用强目的性功能的设计来激发整个建筑的活力和动态。

三、性质：公与私，动与静

在解构建筑功能时，**基于空间的使用目的和活动特征**，我们可以将功能区分为对大众开放或仅限特定人群使用的**公共与私密功能**，以及根据空间活动的活跃程度区分**动态与静态功能**。

通过对比网络虚拟空间，我们可以更直观地理解这一概念。例如，在网络"空间"中，微信朋友圈被视为私密空间，而新浪微博则属于公共空间。若一个公共的广告突兀地出现在你的朋友圈，可能会引起不适感。这一理念在建筑空间设计中同样适用：**如果在设计上未能恰当区分公共与私密空间，可能会导致空间使用的混乱和使用者的不适。**

在建筑功能规划中，合理区分公共与私密、动态与静态空间至关重要，这有助于避免功能上的冲突并提升空间的使用体验。以学校建筑为例，其中安静的教学区或办公区与活跃的报告厅、泳池或操场等区域的布局需要谨慎规划以确保它们之间的适当分隔。

例如，在**深圳龙华区第二外国语学校（图2-7）**的设计中，设计师通过将公共活动区域和私密的教学空间安排在建筑的不同侧，有效地避免了相互干扰。同时面向操场的公共功能集中布置也为空间趣味的创造提供了可能性，在这个公共部分设计师打造了连续多层次的架

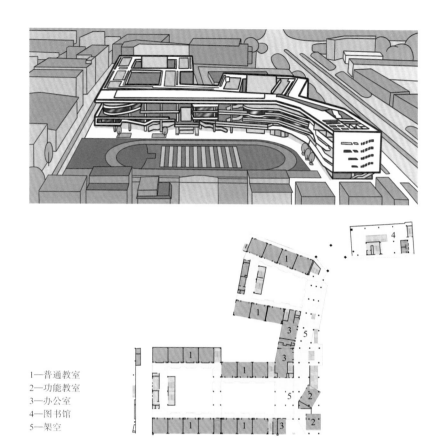

图2-7　深圳龙华区第二外国语学校（坊城设计）

1—普通教室
2—功能教室
3—办公室
4—图书馆
5—架空

空层、露台和屋顶花园，营造出森林般自然轻松的交流氛围。通过公私、动静功能的有效区分，我们不仅可以保证空间的高效利用，同时还可以在公共的"动区"强化空间趣味，打造设计亮点。

在住宅设计中，综合体形式的应用日益普遍，它不仅包含居住空间，还融合了临街零售、社区公共服务等多种功能。以**星公寓（Star Apartments，图2-8）**为例，该建筑通过巧妙的上下分层策略，将首层设计为公共服务或零售空间，并在二楼创建了一个社区层，设有开放且便于居民活动的空间，有效地将公共商业区与私密住宅区隔离。住宅功能被置于更高的四层，这样的设计清晰地区分了公共与私密空间，也为居民提供了一个安静且舒适的居住环境。

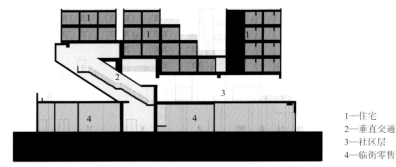

1—住宅
2—垂直交通
3—社区层
4—临街零售

图2-8　星公寓（迈克尔·毛赞建筑事务所，Michael Maltzan Architects）

在展览型建筑的功能设计策略中，有效分隔公共展览空间与私密工作区域是关键，以赫尔佐格与德·梅隆设计的**M+博物馆（图2-9）**为例，该建筑下部的水平盒子安排公共展览区，而上部的垂直盒子则设计为包括接待区、艺术家工作室和策展中心等私密空间，与下方的热闹公共展览区域形成鲜明对比。既满足了公众对文化艺术的探索和享受，又保障了创作和策展工作的私密性与专注性。

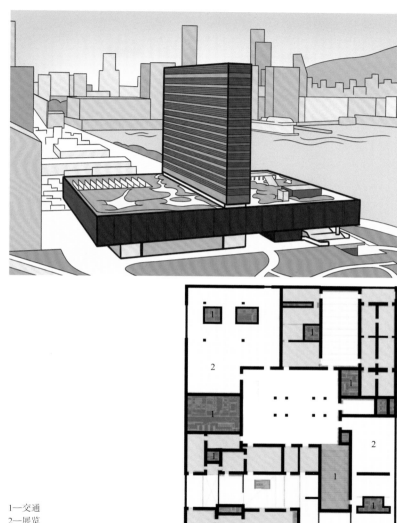

图2-9　M+博物馆（赫尔佐格与德·梅隆）

1—交通
2—展览

四、时间：阶段性与持续性

　　空间不仅可以在三维的角度思考，也在四维时间上随着人的需求改变而产生变化。功能的**使用在时间维度上**可分为两类：**阶段性和持续性**。阶段性使用反映在特定时间或场合的临时或周期性活动中，而持续性使用则体现在空间或功能的长期或连续性利用上。

　　民宿短租平台爱彼迎（Airbnb）展示了对建筑使用时间概念的创新应用。爱彼迎的创新之处在于，将房屋在特定时间段内的空置资源，如业主偶尔使用的住宅，在不被使用的时段向不同客人提供住宿服务，从而帮助业主充分利用闲置资源，创造价值。此模式成功地将阶段性使用转换为持续性使用，有效减少了资源浪费。

　　在建筑设计中，我们也需要考虑功能使用时间的分布，通过功能的组合确保空间具有全时性的活力，避免某些时间段冷清的现象。以英国的**共享办公空间Pop Brixton（图2-10）**为例，它巧妙地将日间的工作环境与夜晚的社区聚会功能相结合。在白天，Pop Brixton作为办公人员的工作基地，而到了晚上，它转变为举办音乐演出、社区讨论会以及筹款活动的社交场所，成为当地社区的文化热点。通过这样的功能组合方式，建筑得以在一天中的不同时间发挥出其最大的空间效益，实现了资源的高效使用。

　　当代综合体建筑的设计越来越注重功能布局的灵活性，以满足不同使用时间的需求。由SOM设计的**时代华纳中心（图2-11）**便是此理念的杰出代表，它在同一幢建筑内融合了商业空间、CNN电视演播

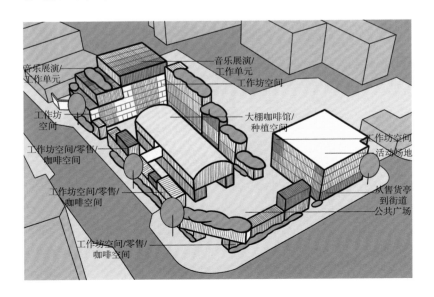

图2-10　共享办公空间Pop Brixton（英国）

图2-11 时代华纳中心（SOM）

室、林肯中心爵士乐演出场所、办公空间、豪华酒店客房以及公寓，实现了日夜不同时间段的人流互补。例如，演出场所在夜间成为观众的聚集地，而办公空间则在白天吸引着众多上班族。这种设计与传统的单一办公功能的中央商务区（CBD）相比，展现了更加丰富和持续的活力，不会出现夜间的"冷清现象"。

　　进一步扩展到城市尺度，**上海世博园（图2-12）**是一个典型的从城市尺度考虑使用时间和功能配置的城市规划案例，世博会作为一个阶段性的展示活动，在活动结束后如果不仔细考量片区的长期发展利用，可能将成为一块城市的"孤岛"。为了解决这一问题，上海世博园园区合理地利用了原有的规划，将世博轴的空间改造成服务片区的购物中心，东西两侧的展厅区域则变成企业办公区。如此一来，有效地利用了原有空间，形成了支撑长期发展的功能组合。如今的世博园区已然成为上海一个非常成功的城市片区。

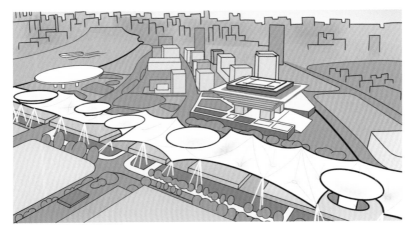

图2-12　上海世博园

　　在OMA的经典纸上案例——**横滨市整体规划（图2-13）**中，设计师通过图解的方式展现了不同城市功能和活动的时间分布，探索如何通过对城市不同功能使用时间的分析和规划，实现城市空间的**全时性活力**。例如，某一区域在白天可能作为市场或竞技场使用，满足日间的商业和体育活动需求；而到了晚上，这个区域则转变为娱乐场所，如剧院或音乐会场地，满足人们夜间休闲和娱乐的需求。

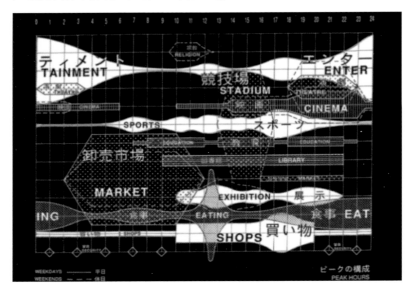

图2-13　横滨市整体规划（OMA）

在倡导可持续发展的当下，通过精心的功能规划以实现空间在时间维度的高效使用，将成为设计师在城市社会资源高效利用中的关键策略。**阶段性与持续性也因此成为衡量功能的重要维度。**

五、布局：固定与灵活

功能**布局的固定与灵活**在建筑设计中扮演着关键角色。功能布局的固定与灵活是指建筑空间根据其使用目的和需求的不变性或变化性来设计，其中固定布局满足特定、不变的使用需求，通常此类空间内部的家具布置也会具有极强的确定性，如宿舍单元、教室单元等。而灵活布局则能适应多变的使用需求和功能转换。

生活中这类布局也很常见。在我们上学时，课程表首先会安排基础教育课程，如语文、数学、外语等，这些被视为常规的"功能"，也是必须完成的"固定"任务，会帮助每个学生完成基本的知识积累。然后，学校在其他剩余的时间段则会安排重视思考和个性创新的课程，如体育、美术、音乐等，这些则属于灵活的功能，也能体现学校的特色。有些学校甚至会留出一个下午的时间，让学生自由选择听讲座、参加社团活动或学习兴趣课程，以更好地满足学生的个性化需求，提高学生的综合素养以及学校的吸引力。

而在教学空间中，我们也能看到固定和灵活的区别。对于功能需求明确、有固定使用流程和行业标准的空间，如教室、实验室、图书馆等，它们被视为固定的空间，通常采用常规的规整布局，以确保功能的有效实现。而一些功能不确定的空间，如非正式学习交流区、咖啡厅、休息区等，则属于灵活的空间，可以采用自由、曲线的形式布局，以满足各种交流可能性，同时也能成为建筑整体的特色。

建筑设计中，固定的空间往往难以成为设计的亮点，而更多的是完成"标准任务"的布局。相比之下，灵活的空间往往成为建筑的特色，也是体现建筑功能创新的地方。在**西湖大学（图2-14）**的建筑设计中，设计师将灵活性的功能如公共空间、会议空间、研讨室及实验室集中设计在一个环形之内，为建筑赋予鲜明的标签。环形的外围则连接了常规的教室、办公室等功能，使得不同教学区域的人可以在公

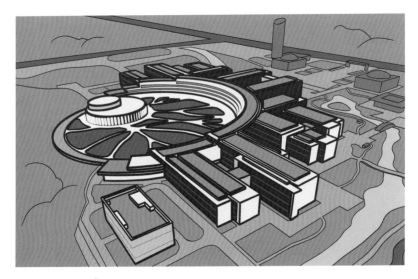

图2-14　西湖大学（HENN 海茵建筑）

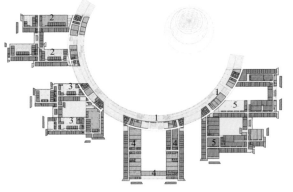

1—学术环
2—基础医学实验室
3—生命科学实验室
4—理学实验室
5—工学实验室

共区域进行交流。

　　在隈研吾设计的**莫里永学生宿舍（图2-15）**中，商店、小工作室、礼堂、餐厅、健身空间和公共区域都属于灵活的空间，它们沿着建筑内部庭院两侧的长廊排布，形成了建筑立面上独特的廊形标志。整个建筑中的公共活动事件都沿着这个长廊发生，创造了一个充满活力的居住社区。长廊之外则采用阵列式布局布置固定且常规的宿舍空间。整个建筑巧妙地将灵活性空间与固定性空间区分布置，得到了高效且有趣的建筑功能组合方式。

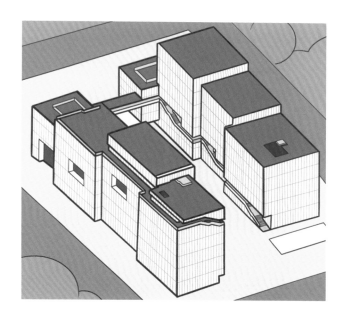

图2-15　莫里永学生宿舍（隈研吾）

六、经济：营利与非营利

当考虑完功能布局等空间关系后，需要思考建筑运作之后能否真正带来**经济价值**，也就是**营利**和**非营利**的问题。营利功能直接产生经济收益，而非营利功能则是不以获得经济收益为主要目的的活动或功能，但可以提升整体的价值和吸引力，间接促进经济效益。

互联网的三级火箭的理论和这类问题有相通之处，它的核心概念是通过一级的引流产品，沉淀用户，再推出更高利润的二级和三级产品，实现盈利。比如小米主要以手机作为核心产品，它通过手机这一最基本的硬件，吸纳更多用户进入**小米产品的生态体系**（图2-16）。小米手机被设计成为一个带动其他相关配套智能产品的渠道。所以，在这个商业闭环中，基于手机，售卖周边的产品，甚至是云服务或者是智能家居服务便相对容易，这些服务都成为小米的盈利点。小米手机作为一级的引流产品，能够沉淀客户，让客户去购买一些附加值更高的配套的二级或三级的产品。这就是互联网的产品设计的一种策略。

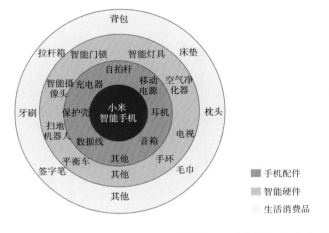

图2-16　小米产品的生态体系

　　建筑空间的布置策划与这样的逻辑类似，可以通过为人们提供免费服务的功能来带动其他产品的溢价。以**大阪难波公园（图2-17）**为例，它设计了一个城市绿谷的空间。虽然这个绿谷本身并不直接营利，但它在多个方面产生了积极影响。首先，作为一个城市公共空间，它吸引了更多的人流，为周边商业提供了潜在客户。同时，优美的景观和高品质的办公环境提高了办公区域的吸引力，从而为商业租赁带来了溢价效应。因此，我们可以将这个城市绿谷视为一个"一级火箭"，通过它带动周边其他盈利产品的销售。

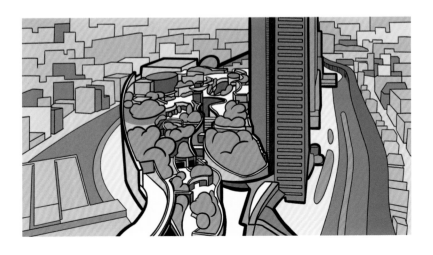

图2-17　大阪难波公园

图2-18　K11购物艺术中心（中国香港）

　　K11购物艺术中心（**图2-18**）也采用了类似的策略，它结合了多元文化业态，设置了艺术空间、艺术典藏和都市农庄等非营利产品。这些非营利产品虽然自身难以带来较大收益，但是，它们成为一个锚点，不仅为商场创造了目的效应，吸引了顾客，还促进了整个商场的营利，通过营利和非营利产品的有机搭配，K11购物中心成功地打造了一个更具创新和吸引力的形象。

　　对于一个**城市**而言也是如此。公共服务设施如学校、交通、医疗和公园等，通常都具有非营利性质，甚至属于公益性质。城市的建设者通常会为这些设施提供优惠的地价。然而，这些设施的存在会增加周边住宅的需求，从而提高了住宅的价值。比如纽约靠近中央公园的住宅价格，比曼哈顿其他大部分地区要高。这是因为中央公园的景观为周边带来了生机，成为曼哈顿高档垂直住宅的一大卖点。

　　在探讨功能策划的基本理解时，我们从产品的价值出发，推广到用户、客户和城市的价值，接着，运用系统思维的方式来理解功能。最后，我们将按照六个维度分析功能的性质和分类，探讨功能的组合和选择，这是理解功能的第一步，也是解构系统的第一步。

本章小结

　　本章我们讨论了功能的解构分类方式，**通过六个核心维度：空间关系、使用目的、使用性质、使用时间、布局灵活性和营利性质，对功能的分类方式建立了系统的了解**。这种分类法则不仅帮助我们对于建筑功能有基本的评判分析逻辑，也为建筑功能组合及创新提供了基础。

　　通过探索服务与被服务的概念，我们强调了在建筑设计中处理好服务空间对于整体功能布局的战略意义。强目的性与弱目的性的对比则让我们理解了如何通过核心功能吸引目标用户群体。

　　公共与私密，以及动态与静态功能的区分是保证建筑正常运转的重要依据。功能使用的时间维度——阶段性与持续性让我们对于建筑的"全时性"活力打造有了分析基础。最后，功能布局的固定与灵活对于打造建筑空间亮点有重要的价值，营利与非营利则引导我们通过两者搭配进而满足建筑使用者以及开发运营者的需求（**图2-19**）。

　　建立了对于基本元素的理解后，我们可以开始构建元素间的关联，将单个元素通过正确的方式进行连接，实现系统的高效运转。

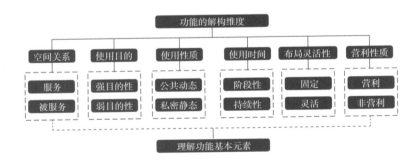

图2-19　本章小结

·························· **章节阅读打卡** ··························

印象深刻的地方（感想）：

想要提问的问题：

03

关系：功能的组合

就我所知，专业建筑师所能提供的最伟大服务，莫过于意识到，每一栋建筑物都必须为人类的某一机制（institution）服务。无论是政府机制、家庭机制、学习机制、健康机制或休闲机制。今日建筑的最大缺失之一，就是人们不再界定这些机制，而是由方案规划者把这些机制视为理所当然地放进建筑里。

——路易斯·康与学生的对话

第1节　功能组合的评价维度

系统内部的元素间存在多样化的组合关系。当不同元素结合时，它们能够产生正面或负面的效果。例如，在互联网世界，单一的网络节点虽然功能简单，但当适当的信息元素相连接时，便能催生全球信息共享和社交网络等创新功能，涌现出一个极为高效的网络环境。反之，不当的信息元素组合有时却会潜在地引发负面现象。因此，如何有效地组合单一功能元素，使其形成的整体系统实现"1+1>2"的效果，成为功能策划的重要关注点。为了清晰地理解功能的组合关系，我们定义出正反馈和负反馈两种组合关系类型。

一、正反馈组合

正反馈组合关系可以分为三种类型：**主辅型、带动型、集聚互补型**（图3-1）。

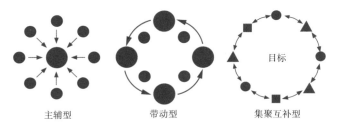

主辅型　　　　　　带动型　　　　　　集聚互补型

图3-1　正反馈组合关系

（一）主辅型

主辅型组合关系指围绕一个核心主要功能，配套其他相关的附属功能。配套功能的设置出发点在于帮助核心功能更好地完成任务，增强整体系统的使用效率和吸引力。苹果公司旗下产品生态就是一个典型的主辅型功能组合关系："苹果手机"作为核心使用功能，其他相关的配套功能设备在不同方向扩展了手机的应用场景，比如苹果手表，帮助苹果用户更好地管理健康数据，云端服务（icloud）为手机提供存储服务，无线耳机（Airpods）则为用户在通话、听音乐或使用Siri时享受无线自由。这些辅助功能极大地丰富与完善了苹果手机的体验，共同形成了一个更具竞争力的产品系统（**图3-2**）。

图3-2　交互设计师职责

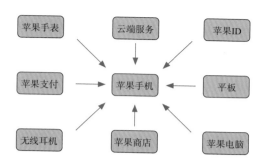

　　地中海俱乐部度假酒店（图3-3）是一个有趣的主辅功能组合的建筑产品，在一般度假酒店，客人除了享受基础的住宿和游泳健身设施外，如需体验当地特色活动或美食，往往需要自行探索。与此相反，地中海俱乐部度假酒店为用户提供了"一价全包"的假期体验。酒店以其住宿服务为中心，围绕此核心配备了丰富而免费的餐饮、文化体验和游乐活动等配套功能。游客在支付一次性费用后，即可在度假区内随心所欲地享受各项配套服务，体验真正的无忧度假。

图3-3　地中海俱乐部度假酒店

图3-4　沃勒特邻里中心（OMA）

　　OMA设计的**沃勒特邻里中心（图3-4）**围绕核心商业功能配套其他社区空间，创造了一个包含公共庭院、公共活动空间、便民设施以及教育机构的综合社区环境。通过其核心与辅助功能的巧妙结合，为社区生活提供了一个综合化的服务平台。

　　在城市尺度中，主辅型功能组合的概念也得到了广泛应用，**中国澳门（图3-5）**就是一个典型例子。围绕其核心博彩业，城市配置了一系列增强其吸引力的辅助功能，如酒店、餐饮、购物中心、表演艺术以及音乐和展览等，进而吸引游客更长时间地停留。这些配套设施丰富了中国澳门作为旅游胜地的特色，同时支持了博彩业的发展。

图3-5　中国澳门

（二）带动型

　　相较于主辅型是围绕核心功能设置配套功能，**带动型则是通过核心功能来为其他功能提供人流支持**。在这种布局中，建筑或产品会有一个明确的强目的性功能，而用户在接触这一核心功能的过程中，自然而然地发现并产生对其他附加服务或产品的兴趣。

　　以微信为例，其核心社交功能——朋友圈，成为吸引用户日常访问的重心。微信利用这一点，通过在用户浏览朋友圈的路径上巧妙地引入新功能，如视频号和直播，从而在用户享受主要功能的同时，自然而然地引导用户探索和使用新推出的服务。**通过强目的性功能的流量和吸引力，可以有效地为其他功能提供曝光机会进而带动其发展。**

　　在建筑中也同样如此。在密度极高的中国香港，商业中心经常采用垂直塔楼的方式布置，**希慎广场**便是中国香港垂直商业的典型代表（**图3-6**）。它通过空中不同的"目的地功能"，如高区餐饮、空中大堂，或特色业态，如诚品书店、屋顶花园等，通过不同兴趣点的吸引力把人从低层垂直向上拉动。在人流向上的路径中，穿插布置目的性弱的商业功能，为高层的商业空间带来盈利的可能。

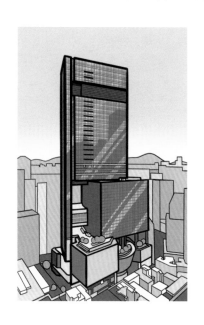
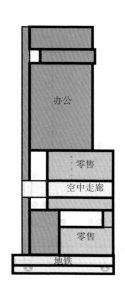

办公

零售

空中走廊

零售

地铁

图3-6　希慎广场垂直商业

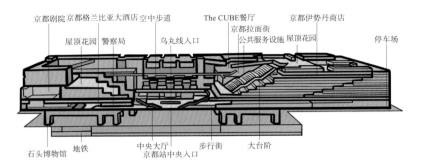

京都剧院　京都格兰比亚大酒店　空中步道　　The CUBE餐厅　　京都伊势丹商店
屋顶花园　警察局　　　乌丸线入口　京都拉面街　屋顶花园　　　停车场
公共服务设施
石头博物馆　地铁　　　中央大厅　　步行街　　大台阶
　　　　　　　京都站中央入口

图3-7　京都火车站（原广司）

　　当下的TOD模式（公共交通导向型开发）展示了通过交通枢纽带动综合发展的功能组合策略，交通枢纽不仅满足通勤需求，同时也是天然吸引人流的中心。以**京都火车站（图3-7）**为例，借助自身交通节点的人流优势，带动了其他功能如五星级酒店、大型百货商店、剧院、商业街的需求，为整座车站建筑带来了巨大的经济效益。

　　在城市尺度中也会用到相似的带动型策划战略，比如在乡村振兴中，通常由政府或大型企业牵头建设创新项目吸引人流和旅游，随后带动村民发展相关的配套服务。**先锋书店·碧山书局（图3-8）**便是此种策略的杰出示例，它利用书局等特色景点吸引游客，进而带动民宿和其他文旅产业的增长，是一种以引流促进乡村振兴的设计模式。

图3-8　先锋书店·碧山书局（黄山黟县碧山村）

（三）集聚互补型

　　主辅型与带动型的功能组合均存在功能的"强弱之分"，当"势均力敌"的功能为共同目标联合时，便形成了一种互补式集聚，可以理解为"互帮互助"。

　　以**旅行App**（图3-9）为例，整个产品将酒店、机票、门票等旅行常用功能集中于一款应用内，便捷地为旅行者提供了一站式服务。这不仅简化了预订流程，还通过功能间的协作，刺激了对彼此服务的需求，实现了在同一平台内的一站式处理与交易。集聚效应通常提供了一个平台，通过在平台上提供多样化服务吸引并留住客户。

图3-9　旅行App功能组合示意图

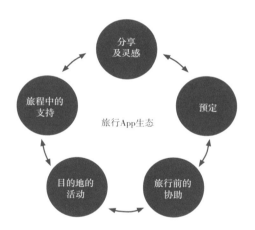

　　集聚互补的功能组合同样也出现在建筑以及城市中，以麻省理工学院和哈佛大学所在的美国东海岸城市群为例，我们从微观的建筑尺度到宏观城市尺度来探讨科创中心的功能组合逻辑。

　　从**微观**的建筑尺度上，**麻省理工学院媒体实验室**里（图3-10）为不同的学科提供跨学科合作的平台，计算机科学、工程学、艺术、设计、心理学等不同的专业都在同一个空间中进行合作。在这里，每一个研究小组都会招收不同专业的学生，在跨学科交流之中引发新的碰撞。实验室的设计也考虑到如何通过空间的方式提供交流场所，采用开放且灵活的工作坊式布局，通过大中庭和共享办公空间等公共功能空间来激发不同学科的协作与互动。

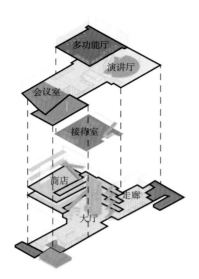

图3-10　麻省理工学院媒体实验室扩建（槙文彦）

　　在城市尺度，两所大学所在的肯德尔广场（**图3-11**）展现了集聚互补的功能组合，被誉为"全球最具创新性的一平方英里[⊖]"。这里不仅是技术企业的聚集地，还是高校实验室、企业和生活空间的综合体，创造了一个产、学、研共生的高效功能系统。高等院校提供人才池及前沿技术，而产业界则以商业和金融支持反哺。整个区域为高新产业的孵化提供了一个平台，使得每个参与者的潜力得到了最大化地释放。

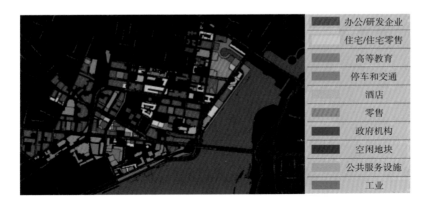

办公/研发企业
住宅/住宅零售
高等教育
停车和交通
酒店
零售
政府机构
空闲地块
公共服务设施
工业

图3-11　波士顿肯德尔广场

⊖　1平方英里≈2.6平方千米。

在更宏观的尺度上，**纽约东海岸城市群（图3-12）**展现出了集聚互补的策略。华盛顿、波士顿、纽约和费城这四个主要城市各承担独特角色——政治、教育、金融与旅游。它们通过功能互补，促进了区域内的协同发展，共同构筑了美国东海岸经济带。城市间的紧密合作和功能互补，加强了整个地区的经济实力和社会影响力。

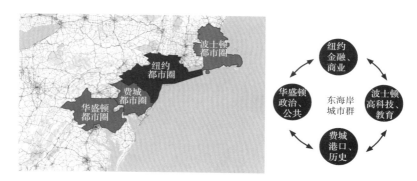

图3-12 纽约东海岸城市群

正确考虑功能间的组合关系可以使得整体系统发挥出"1+1>2"的理想效果。我们可以围绕一个核心功能部署相关的支持性功能，或利用核心功能推动次要功能。同时我们也可以提供一个平台，使不同功能各自发挥作用并相互补充。

二、负反馈组合

功能恰到好处地结合组织可以形成正反馈，然而不当的组合方式可能会产生干扰或重复等负反馈关系（**图3-13**），影响系统中每个元素的正常运作。

图3-13 干扰和重复示意图

微信的产品设计（**图3-14**）巧妙地将微信、通讯录、发现等功能进行了明确划分。每个新增功能均归入独立模块，避免与聊天界面混淆，进而避免了不同类型功能的互相干扰，为用户提供了一个清晰简洁的使用体验。

图3-14　微信功能分区

　　建筑设计中也会出现类似的功能分离策略。以奥雷·舍人的竞赛方案（**图3-15**）为例，为避免交往空间与个人办公空间的相互干扰，方案中将所有灵活性强的公共功能集中安置于建筑中央，而将相对常规的功能安排在其余外侧区域。这种布局策略既促进了公共区域内的自由交流，又保证了私密空间中的个人工作得以安静进行。

　　在学校设计中同样会将公共性与私密性空间进行明确区分避免干扰。**海口寰岛实验学校初中部**（**图3-16**）将公共性质的配套功能，如公共教室，与操场相连进行布置，成为动（操场）静（标准教室）之间的缓冲，而将需要安静的、私密性质的标准教室功能置于建筑的其

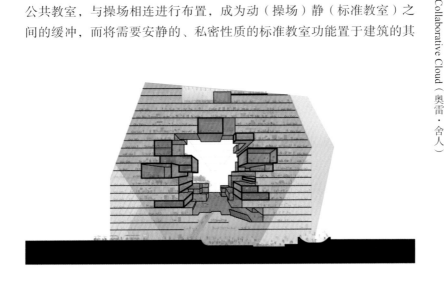

图3-15　阿克塞尔·施普林格新总部大楼竞赛方案 Collaborative Cloud（奥雷·舍人）

他方向。建筑在面对操场一侧立面设计有灵动而曲折多变的坡道与楼梯，事实上是对于该侧教室的造型反映。在任何项目类型的设计中，动静分离都是一个核心考量因素。

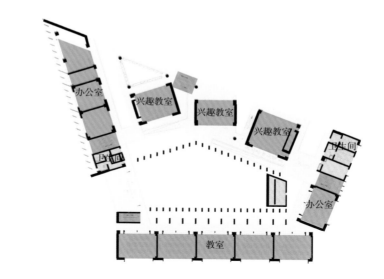

图3-16　海口寰岛实验学校初中部（TAO 迹事务所）

　　负反馈在功能组合的另一种体现是功能的**重复**，这通常不会带来效率的提升，反而可能引起资源的浪费。以淘宝和京东的购物体验为例，淘宝的C2C（个人对个人）模式下，同一类目的商品众多，导致消费者面对过多相似选择时决策成本增加。而京东采用B2C（企业对消费者）模式，通常对于一个商品，消费者只需从京东自营产品中选择，减少了同一商品的多个供应商之间的竞争，提高了购买效率。同样，开市客和山姆会员店的精选销售模式，通过避免商品的完全重复，降低了消费者的决策成本，提升了整体购物效率。

　　在建筑策划领域，传统商业步行街的同质化正是重复型功能组织的典型例子。曾经繁华的步行街之所以衰败，关键在于多个业主和经营者采取了相似的招商策略，导致低端、同质化的商业形态泛滥，缺乏高端或娱乐性业态的配合，使得传统商业步行街的竞争力逐渐丧失。相反，当下最新潮的商业产品由集团统一运营，如**成都太古里**（**图3-17**），尽管都是类似街区商业的空间模式，但在功能配置上通过多样业态的整合，追求功能互补和多样化，将不同但相关的产品服务集中形成正反馈组合关系，进而创造了更佳的购物体验。

　　功能元素的合理搭配是建筑产品成功的重要影响因素，我们在设计的过程中需要合理评估功能间的关系，创造正反馈组合关系。

图3-17　成都太古里

第2节　抽象建模：功能泡泡图

一、抽象建模的价值

在理解了功能的组合关系后，我们需要将把这些复杂的功能关系用简洁的图示关系表达，这便是我们之前提到的**"系统建模"**。而这种图示关系就是我们非常熟悉的"泡泡图"，设计师使用好这种抽象工具，帮助我们把研究的目标从复杂的对象中抽象出来，进而实现对于功能组织关系的合理把控。

泡泡图广泛应用于多种产品设计领域，特别是在UI/UX设计中，比如淘宝的**使用者旅程图（图3-18）**就能帮助设计师深入分析消费者在下单前、中、后的功能体验。通过泡泡图，我们可以清楚地掌握用户在产品使用全过程中的体验轨迹。

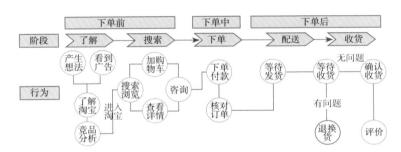

图3-18　使用者旅程图
（User Journey Map）

建筑中的泡泡图也采用相似的逻辑，用于分析功能组合关系及用户体验的时空顺序。它简化了尺度、形状等技术细节，将复杂的建筑空间转换为简洁的功能名称以及其组合关系，使我们能专注于设计用户体验的顺序。

在设计过程中，很多设计师可能会一开始就深陷于一些具体细节，如局部的平面布置或造型关系，而失去了从宏观角度审视项目的能力。这就像是在烹饪时，过早地专注于某个小配料从而耗费大量时间，却忽视了整个烹饪流程和食材搭配的宏观规划。建筑或任何其他设计都应先确立宏观布局，然后逐步深化到微观细节，从抽象到具象，有序思考。

直接从操作平面图开始设计容易让设计师受到尺度、形状、对位等因素的束缚，难以专注于功能关系的探索。例如，**在谢子龙影像艺术馆（图3-19）**的设计方案中，我们可以看到设计师展现了精妙的对几何对位关系的把控能力。但如果在设计之初我们就被几何秩序所限，探索功能创新的视角就会受阻。而功能泡泡图就能很好地帮助我们将注意力集中在功能的组织上，暂时忽视建筑形态等问题。

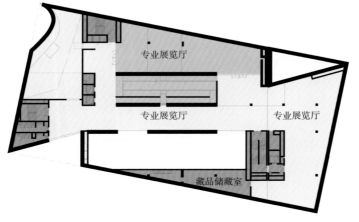

专业展览厅

专业展览厅

专业展览厅

藏品储藏室

图3-19　谢子龙影像艺术馆（地方工作室）

二、功能泡泡图解构

理解泡泡图的价值之后，我们需深入掌握其构成元素，建立泡泡图中元素与真实建筑空间的对应。泡泡图由点（泡泡）和线组成，点既可以是端点，代表功能流线的终点，也可以是节点，是不同功能间的连接。例如，在赖特设计的**约翰逊住宅（图3-20）**中，会客厅成为连接各功能区的节点，而儿童区则是功能的终点。

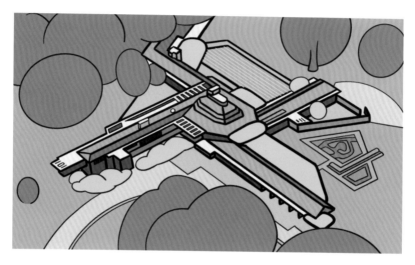

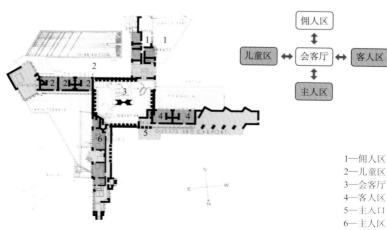

图3-20 约翰逊住宅（弗兰克·赖特）

1—佣人区
2—儿童区
3—会客厅
4—客人区
5—主入口
6—主人区

　　设计师通常认为泡泡图中的线是一条走道，事实上线也可以表达空间的直接相连。在OMA设计的**玛吉癌症治疗中心（图3-21）**方案中，图书馆、厨房、餐厅等公共功能房间之间相连，而私密功能如办公室、咨询室的走道是被单独界定的。设计弱化了公共功能中交通空间与功能房间之间的关系，让公共空间成为一种连续相互组合的空间，使传统封闭的走廊被取代。在泡泡图中，功能之间的连接均通过线来表达，在实际空间中则可以有不同的呈现形式。

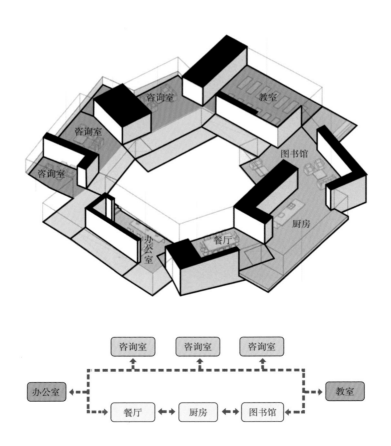

图3-21　玛吉癌症治疗中心（OMA）

三、功能的简化阅读与设计方法

在《解码形式语言：图解建筑造型的秘密》中我们提到用树形思维的逻辑来实现对建筑造型从宏观到微观的把控。**建筑的功能组织同样遵循基本的树形原理**，从一个总体的建筑功能展开到不同的分区，每个分区再分化为具体的房间，形成"建筑-分区-房间"的嵌套式关系。如**图3-22**所示，设计围绕共享中庭，安排了三种分区功能，每个分区内部通过串联或并联的方式进一步组织小分区功能。尽管建筑功能元素看上去非常复杂繁多，但其组织关系本质上可视为简单功能的嵌套。

图3-22　树形原理

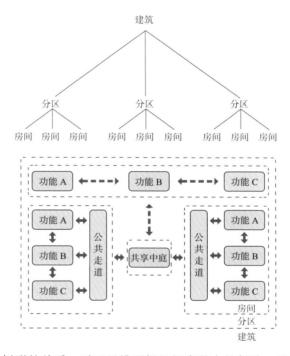

这种树形的关系，对于思维逻辑组织有很大的帮助。假设我们要去数一副麻将牌，如果我们不分类，我们看到的就是众多复杂的单个元素。但如果我们按照万、条、饼、东南西北等模式进行分类整理，整副牌的结构就会变得非常清晰。这种**对信息的关联分组和整理，是我们阅读或设计信息的重要思维方式**。

　　既然建筑功能的组织遵循树形结构，我们也可以借助**"LOGO法"**（抽象图解）来实现功能关系的快速阅读和自上而下的设计把控。例如，**House O（图3-23）** 的功能布局初看似乱无章序，如同散乱的麻将牌。然而，通过"LOGO法"来抽象其核心功能分区组织逻辑，我们可以看到此方案其实采用的是经典的住宅布局逻辑：中心会客区并联其他分区。例如，卧室区便是由卧室并联衣帽间、浴室、洗漱间几个功能房间构成。通过区分主次，我们可以清楚地把握整体布局。

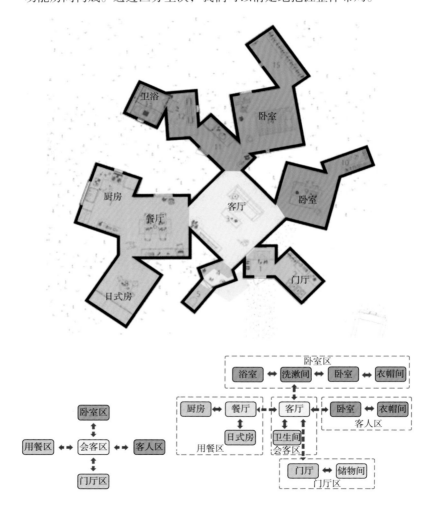

图3-23　House O（五十岚淳建筑设计事务所）

　　王澍的**水岸山居（图3-24）**展现了一个类似村落结构的复杂建筑群布局，平面看起来错综复杂。通过"建筑-分区-房间"的梳理方式，我们可以将整座建筑的分区组织关系当成这座建筑的"功能LOGO"：设计将建筑一分为二，住宿区包括客房和入口大堂等核心区域，服务区涵盖餐厅、会议室、茶室等功能。流线设计包含两种：一是串联的漫游路径，提供悠闲体验；二是并联的快速通道，满足效率需求。

　　通过"LOGO法"抽象功能分区关系后，再理解每个分区的房间组织就变得非常简单，如酒店部分以中庭为核心组织周边住房，餐厅区域以厨房后勤服务前场。通过从大分区到小房间逐层深入分析功能组织，使得我们对于平面布局的阅读过程更加明晰。

　　设计是阅读的逆过程，通过精确梳理一个项目的整体功能LOGO关系及其核心组织逻辑，然后再逐层细化到各区域的具体功能，我们能够从整体到局部、由简入繁地清楚理解和构思功能布局。

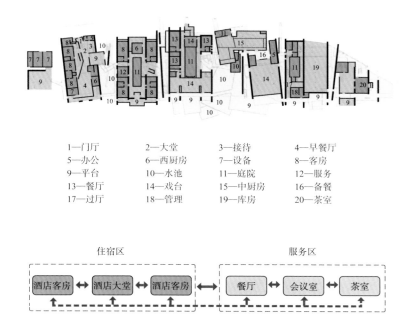

1—门厅　　　　2—大堂　　　　3—接待　　　　4—早餐厅
5—办公　　　　6—西厨房　　　7—设备　　　　8—客房
9—平台　　　　10—水池　　　　11—庭院　　　12—服务
13—餐厅　　　　14—戏台　　　　15—中厨房　　16—备餐
17—过厅　　　　18—管理　　　　19—库房　　　20—茶室

图3-24　水岸山居（王澍）

第3节　功能组织的创新重构

通过泡泡图的方式我们抽象出了建筑的功能组织关系。借助这一思维工具，接下来我们将对传统功能组织模式进行重构创新。重构的方式可以分为**图3-25**三种模式。

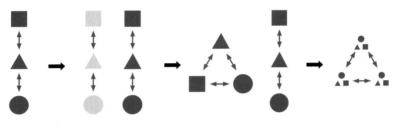

　　　　既有原型迁移　　　　　　　元素关系重组　　　　　　　　　元素分解重组

图3-25　功能组织创新重构图解

一、既有原型迁移

既有原型迁移指提取建筑的功能组织本质，通过在相同功能组织框架内替换不同元素，从而得到新的建筑产品。

理解既有原型功能迁移的模式，可从非建筑领域的共享经济模型迁移入手（**图3-26**）。如滴滴打车，本质上是利用闲置车辆资源，通过平台匹配，将闲置的空车分配给不同的打车用户，实现资源共享。同样，爱彼迎等平台基于相同的共享经济模型，通过元素替换，将车这一要素替换成住宅，因此便诞生了新的产品。

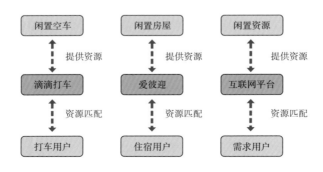

图3-26　共享经济模型在不同行业的迁移

古罗马时期的**巴西利卡（图3-27）**是**既有原型迁移**的经典案例。巴西利卡原是商业、法律审判和公共聚会的场所。君士坦丁大帝将基督教合法化后，人们将这种空间组织模式应用在教堂设计中，巴西利卡开始承担基督徒聚集、礼拜和祈祷功能。原有的中央大厅成为聚集礼拜空间，侧边的小型辅助空间则转变为祭坛和祈祷室，以适应其新的宗教功能。相同的空间原型有了全新的使用方式。

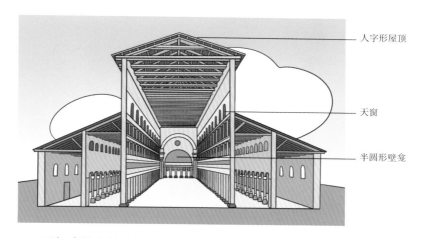

人字形屋顶

天窗

半圆形壁龛

图3-27　巴西利卡

不仅建筑内的功能原型对我们有启示，建筑外的其他对象同样能提供抽象的功能原型灵感，关键在于我们是否能**从功能角度抽象出组织的核心本质**。城市功能的组织往往成为设计师寻找原型的源泉，例如，我们可以用城市漫游（citywalk）为线索来抽象出城市功能的**组织逻辑（图3-28）**：漫游过程中，我们通过路径将城市中不同的"打卡点"连接起来，在此过程中也会接触到如住宅区等城市基础服务。因此，在城市漫游模型下，城市功能简化为标志性功能和日常功能两大类，而我们的路径则串联这些不同的标志性地点。

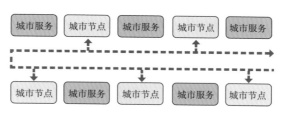

图3-28　城市漫游逻辑抽象

图3-29　荷兰大使馆（OMA）

我们可以将城市功能组织原型应用到建筑中。比如OMA设计的**荷兰大使馆（图3-29）**，设计师用一条连续的路径，串联不同的公共功能——图书馆、会议室、健身房、餐厅或者是屋顶平台，对应城市逻辑中的标志性功能。而剩余的部分，布置常规的办公功能，与城市中的日常功能对应。通过城市功能原型在建筑中的迁移，实现了使用者在空间中的全新体验。

同样，功能组织原型也能在城市尺度相互迁移。例如，我们可以将中国香港的高密度特性理解为北京胡同的三维状态：它们本质上都是压缩私人空间以集中公共活动空间。北京胡同私人空间有限，公共活动空间如客厅或麻将房常移至街道，公共活动空间变得功能多元且使用效率高。中国香港的高密度环境同样使个人空间受限，但公共空间使用高效、充满活力。这两种城市功能组织逻辑都体现了"私人空间小、公共空间大"的功能组织原型。

当我们面对新的产品需求时，我们可以通过向其他建筑类型或非建筑对象寻求参考，**通过提取参考原型的功能组织本质，替换功能组织中的元素实现既有原型迁移**，让我们有机会创造出新的空间使用方式和体验。

二、元素关系重组

　　既有功能迁移是在同一个结构关系下变化元素，而当元素不变、组织框架改变，就形成了**元素关系重组**的重构方式。我们保持元素的本身不变，通过调整其连接关系与顺序，依然可以创造出新的产品。比如写作中的正叙与倒叙（**图3-30**），本质上文章的元素和内容没有改变，我们仅改变叙述的逻辑顺序，便产生了全新的阅读体验。

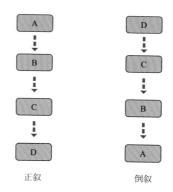

图3-30　写作中的正叙和倒叙

　　我们介绍四种典型的建筑中元素关系重组的方法：**方向旋转、垂直移动、内外反转、内外嵌套**（**图3-31**）。

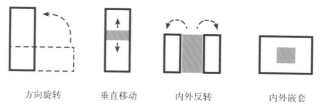

图3-31　元素重组方法

（一）方向旋转

　　方向旋转是一种将建筑的功能布局从垂直转为水平，或从水平转为垂直的设计手法，主要应对场景与城市密度要求有关。**深圳万科总部大厦**（**图3-32**）并不位于城市的核心地带，因此并不需要像常规的摩天楼一般采用垂直塔楼的总部办公模式，通过将其功能组织关系从垂直连接转为水平展开，使得办公空间与户外景观、庭院和休闲区紧密相连，展示了通过方向旋转实现功能重组的创新方法。

图3-32　深圳万科总部大厦（斯蒂芬·霍尔）

　　为了应对高密度城市中的住宅需求，MVRDV的**马德里社会住宅**（**图3-33**）展示了从水平到垂直的功能重组，通过在建筑中创造垂直的"街区"，该设计将庭院等公共交流空间移至高空，利用不同住宅模块间的空隙，实现传统街道空间的垂直布置，并在建筑形式上用显眼的红色进行强调，成为立面视觉焦点。设计师通过将水平的街道和庭院空间垂直化，创新性地应对了城市高密度居住的挑战。

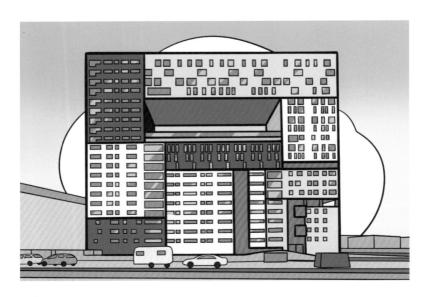

图3-33　马德里社会住宅（MVRDV）

　　OMA设计的**达拉斯剧院中心**（**图3-34**）采用了将水平转变为垂直的功能创新策略。这一手法巧妙地改变了传统水平布局剧院中的用户体验：表演空间被周围的辅助空间所环绕，屏蔽了它与外界直接互动的可能性。通过将剧院的布局垂直堆叠，原本平铺于表演厅周边的服务空间被重新分配至不同的楼层，从而释放出表演空间，这种设计不仅让城市观众通过建筑底部的玻璃就能一窥剧院内部的活动，方向旋转的功能策略让剧院不再是一个封闭的黑盒子，而是成为城市文化生活的一个活跃节点。

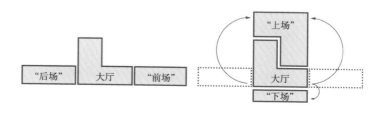

图3-34　达拉斯剧院中心（OMA）

（二）垂直移动

垂直移动通过调整功能元素在竖向上的排列顺序，为建筑创造出新的可能性。**深圳证券交易中心（图3-35）**将交易大厅上移，原本被裙楼占据的首层空间便转变为一个开放的城市门厅，同时也保障了交易大厅的私密性，实现了对经典塔楼+裙楼功能组合关系的创新。

MAD设计的**卢卡斯叙事艺术博物馆（图3-36）**同样采用了垂直移动的策略。在传统的博物馆设计中，展厅通常位于地面层，而在这个项目中，所有展厅都被提升到空中，不仅为展厅与城市景观之间的互动提供了更佳的视野，使人们能从建筑内部远望城市；同时也将底层空间留给了公众，为博物馆带来新的功能体验。

图3-35　深圳证券交易中心（OMA）

图3-36　卢卡斯叙事艺术博物馆（MAD）

（三）内外反转

内外反转指建筑中颠倒传统功能布局的内外关系。在典型的高层塔楼设计里，如电梯、楼梯和各种管道等服务功能被集成于建筑中央的核心筒中，这种布局使得办公区域的用户有了通畅的对外视野，但中心的核心筒也阻碍了楼内不同区域间的交流。

理查德·罗杰斯设计的**劳埃德大厦（图3-37）**打破了这一功能组织模式，通过把核心筒中的功能元素移至建筑外侧，释放出了中心空间，形成了开放的共享中庭，从而促进了建筑内部空间的互动。同时，设计师将原本的服务功能在建筑外立面上打造为充满科技未来感的造型元素，使劳埃德大厦成为高技派建筑的代表作。

图3-37 劳埃德大厦（理查德·罗杰斯）

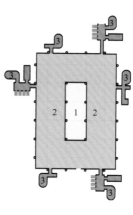

1—共享中庭
2—办公区域
3—核心筒

Vakko时装总部与Power媒体中心（图3-38）项目展示了内外反转
策略在建筑改造中的运用，将原本的内向型庭院式酒店转变为具有外
向性格的企业总部。

原建筑作为酒店，没有太强的标志性需求，酒店空间面向内庭院
可以取得更加私密的体验。而改造为企业总部后，建筑需要承担更
加外向的公共角色。为此，建筑师在原本的中心庭院中插入了各种不
同的办公公共功能，如报告厅、展览空间和会议室，这些中心公共功
能如同建筑的"核心筒"组织了外侧的办公空间，建筑实现从内向到
外向的反转。通过这种改造，建筑不仅在功能上更满足办公建筑的需
求，也在形态上展现了更加外向的姿态，成功地将酒店空间转化为现
代办公建筑。

1—会议室　　　　2—接待　　　　3—执行机构
4—办公室　　　　5—陈列室　　　　6—博物馆
7—入口　　　　8—空气处理机房　9—礼堂
10—电视演播室　11—电视制作　　12—电力资源管理
13—停机坪　　　14—停车场　　　15—储藏
16—技术服务室

图3-38　Vakko时装总部与Power媒体中心（REX）

（四）内外嵌套

内外嵌套是可以简单理解为"用功能划分功能"，这种功能组织方式不仅最大化了空间利用率，也创造出流动性极强的空间效果，通过消除传统的走道空间，实现了功能之间的"无缝融合"。以**圣保罗教堂（图3-39）**为例，其设计精巧地将祭拜空间置于建筑的中心位置，围绕这一核心的其余空间自然转变为服务于祭拜活动的辅助空间。**嵌套的方式使得功能之间的互动更加紧密。**

1—辅助空间
2—展览厅

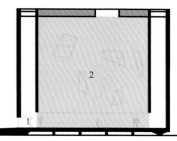

图3-39 圣保罗教堂（福克萨斯建筑事务所）

　　藤本壮介的**N住宅**（**图3-40**）通过其三层嵌套设计精巧地重新定义了私密与公共空间的关系。与传统通过固定走道和隔墙明确分割空间不同，N住宅通过建筑功能本身来"挤压"与"划分"出私密性不同的空间：建筑最内层为客厅及餐厅功能，同时挤压出中间层的卧室与榻榻米，中间层的边界又界定了外层的半室外庭院以及卫浴和厨房区。**建筑师通过内外嵌套的方式消除了明确的走道，创造出更加流动和连续的居住空间体验。**

　　通过改变元素的组织框架，我们在不改变功能元素的情况下，依然可以创造出新的空间体验和功能布局，做出个性化的产品。

图3-40　N住宅（藤本壮介）

1—卫浴
2—厨房
3—卧室
4—客厅
5—餐厅

三、元素分解重组

在探索建筑功能策划创新的方法中，我们谈到了对既有组织原型的功能元素替换，以及调整元素的组织结构。接下来我们尝试解构功能元素本身，通过新的逻辑对单个功能元素或分区进行拆解重组，以形成新的建筑产品。

自助餐的设计理念精妙地体现了**元素分解重组**的策略（**图3-41**），将传统餐饮的单份大菜通过顾客的自选转化为多个小份。这种方法克服了传统餐厅中单一大份菜品导致的食物选择局限，为顾客提供了根据个人口味自由搭配菜品的机会。例如，一个大份的烤鸡在自助餐中可能被多桌顾客分享，顾客便可以在品尝烤鸡的同时，还能品尝到其他种类的菜品。自助餐通过这种方式大幅增加了就餐的多样性和个性化选择，丰富了顾客的就餐体验。

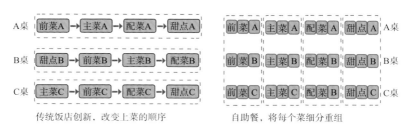

传统饭店创新，改变上菜的顺序   自助餐，将每个菜细分重组

图3-41 上菜元素分解重组

结构分解重组可被进一步划分为三种具体的手法（**图3-42**）。解构-散点的方式是将一个整体的结构分解成独立的单元。解构-汇聚的方式是将分散的单元聚集起来，形成一个整体。而解构-再编组的策略，则是分解原有的元素后还重新将它们编组，创造出全新的结构和形态。

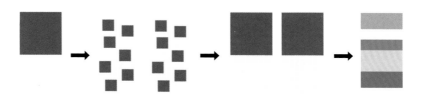

解构-散点   解构-汇聚   解构-再编组

图3-42 三种元素分解重组方法

（一）解构-散点

在传统的文化建筑中，美术馆和图书馆的藏书、展览等需要安静的功能，通常集中连续放置，活跃的公共空间则集中于中庭周围，这也使得观展或寻书的体验相对枯燥。**太田市美术馆与图书馆（图3-43）**的设计将需要安静的展览、藏书等功能解构为一个个散点盒子，社交属性更强的功能，如讨论区和休息区则渗透在不同的盒子之间。这种散点布置促进了人们在功能空间之间的流动和互动，用户之间的交流可以随时发生在漫游建筑的过程中，使得整个建筑空间变得充满活力。

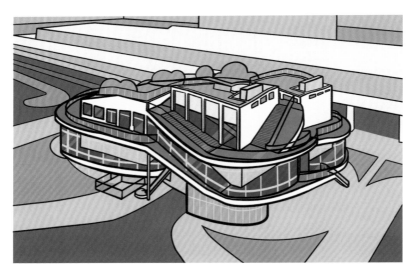

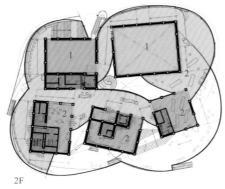

2F

1—美术馆
2—图书馆

图3-43　太田市美术馆与图书馆（平田晃久）

　　太田市美术馆与图书馆的案例通过解构被服务空间，创造出大量的"间隙"供公共空间渗透。**服务空间也可以散点布置**：建筑中的核心筒经常在平面中占据巨大面积，进而隔绝了建筑内部空间之间的交流，SANAA在**关税同盟设计与管理学院（图3-44）**的设计中，把服务功能打散，消解了核心筒带来的大面积空间阻隔。然后，再进一步与结构进行整合，把它散点地布置成一些小的结构空间。这样，保证了建筑空间整体的流动性，避免了集中的服务空间带来的阻隔，整体设计更加通透而轻盈。

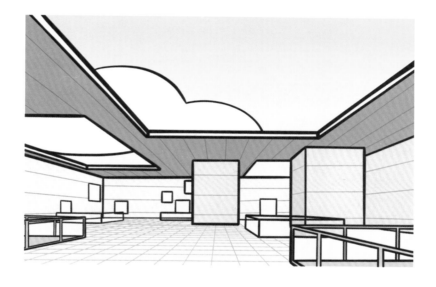

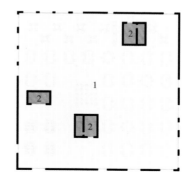

图3-44　关税同盟设计与管理学院（SANAA）

1—教学空间
2—服务空间

（二）解构-汇聚

　　功能的散点布置使得建筑空间更加灵活，而**功能的汇聚重组则能将建筑的特色空间集中**。在传统办公楼设计中，公共交往空间通常被分散布置在每层的不同区域，缺乏统一规划导致层与层之间的公共空间没有交流。OMA在**阿克塞尔·施普林格新总部大楼（图3-45）**的设计中，将每层隐私安静的常规工作功能与更加开放灵活的交往功能明确区分，并将公共交往空间集中布置在建筑中部的台地式楼层区域，而传统安静的工作区域则被放置在台地之外的围合环境中，这样的交往功能集聚布局促进了团队和部门之间的互动，避免了动静功能之间的干扰，**同时台地式交流空间也成为整座建筑的核心设计亮点。**

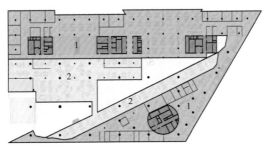

图3-45　阿克塞尔·施普林格新总部大楼（OMA）

1—工作区
2—公共交流区

哥伦比亚大学医学中心（**图3-46**）的设计体现了功能的聚合策略，建筑师将促进师生互动的公共功能区，如学生活动中心和多功能礼堂，集中安排在建筑的一侧并与竖向动线相结合，形成了一个贯穿14层的互动空间，也让这些区域在建筑立面上成为视觉聚点。同时，建筑师将更为私密和专业的空间，如实验室和教室，集中置于建筑的另一侧，确保了这些区域不受打扰。这部分空间对应在立面上展现出更为严肃和规范的风格，与公共功能区形成对比。**通过汇聚的功能策略，建筑师成功打造了一件创新的教学建筑产品。**

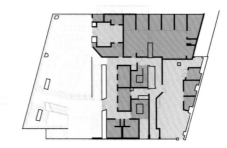

图3-46　哥伦比亚大学医学中心（DS+R事务所）

（三）解构-再编组

　　将功能解构后我们除了可以对其进行打散或汇聚，还可以通过新的逻辑进行**再编组**，亚历杭德罗·阿拉维纳在**金塔蒙罗伊社会住宅**（**图3-47**）项目中，采取了再编组的设计策略来解决低收入家庭的住房问题。**他将常规的住宅功能按照必需功能和可扩展功能的逻辑进行重新编组**，把有限的预算放在包括厨房、卫生间、餐厅和主卧在内的必需功能空间的建设，而将其他如客房和书房的建设留给居民未来根据自身需求进行自建扩展。这个策略不仅优化了成本，也提供了个性化的空间扩展可能性，从功能组织出发创造了全新的住宅产品。

图3-47　金塔蒙罗伊社会住宅（亚历杭德罗·阿拉维纳）

扎哈·哈迪德的**宝马中央大楼（图3-48）**重新思考了工业与办公空间的传统分隔模式，将其重新编组为一个连贯的体验场所。传统汽车制造流程的各个阶段——如冲压、车身制造、涂装以及总装——分别在不同的厂房中完成，因而使得需要采用传送系统将半成品传送到下一个生产厂房。设计师将这些厂房间的传送功能空间与办公功能**重新编组**，让车辆的传送带直接穿过办公空间的上方。这样的设计使得员工和参观者都能更直观地感受到汽车的生产过程，办公区域成为展示企业制造艺术的展厅。

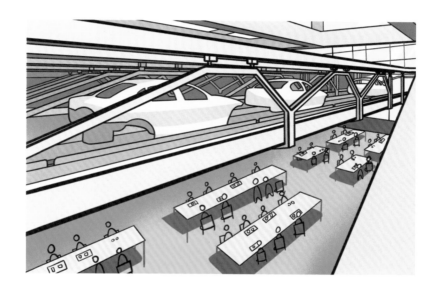

图3-48 宝马中央大楼（扎哈·哈迪德）

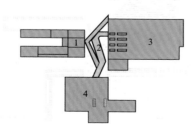

1—油漆车间
2—中央大楼
3—车身车间
4—组装车间

天津茱莉亚音乐学院（**图3-49**）通过功能的"解构-再编组"，增强了音乐教育与公众的互动。该设计解构了传统音乐学院的功能布局，将音乐厅、演奏厅等四座大型场馆分置场地两侧，中间空出来的中庭空间成为连接城市和江滩的公共通廊。承载着教学功能的五座玻璃连桥横跨在公共通廊之上。中庭空间将公众与学院教学功能重新编组在一起，为学生、市民和音乐家提供了一个交流和展示音乐才华的场所。这种开放式设计与传统音乐学院的封闭教室形成鲜明对比，促进了内外部的沟通，**新的功能组织方式为音乐教育注入了新的活力。**

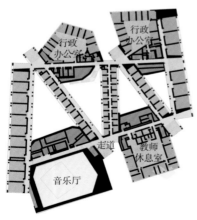

图3-49 天津茱莉亚音乐学院（DS+R事务所）

　　OMA设计的**西雅图图书馆（图3-50）**也是一个功能再编组的经典案例。传统图书馆会按照藏书、阅览的逻辑进行分区，我们在传统图书馆中经常会有一种"到哪里都不敢大声说话"的感受。而当代的图书馆更多成为一种社交性质的场所，因而设计师采用了全新的编组逻辑，将私密和安静的功能，如藏书、办公、会议等，重新组织为建筑中的五个"静态"功能集群，完成图书馆的传统标准功能，而把热闹和激发交流的功能，如咖啡、交流、问询等功能组成了四个"动态"功能集群，让用户可以自由的发生交流。**全新的编组策略满足了当代的新需求，使得图书馆不再只是存放书籍的地方，也成为城市公共生活的载体。**

　　在深入理解功能组织关系的基础上，设计师通过精心组合功能元素，有效激发系统内的正反馈效应，提升整体的效率和吸引力。不仅如此，通过抽象的工具了解了功能关系的本质后，我们可以调整系统内部元素或其组织方式，推动建筑产品的个性化和创新发展。这种方法不仅应对了传统设计的局限，也满足了现代用户的复杂需求。

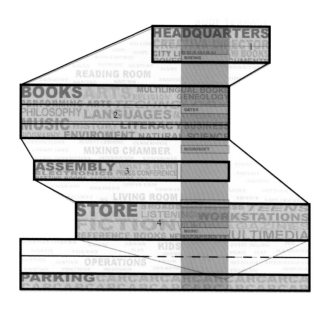

图3-50　西雅图图书馆（OMA）

1—行政区
2—藏书区
3—问询区
4—公共区

本章小结

　　本章我们探讨了建筑功能组合的评价维度。通过正反馈和负反馈的功能组合关系，设计师可以有效地激发出系统内部元素的潜力，实现整体效能的提升。正反馈组合关系分为主辅型、带动型和集聚互补型，每种类型通过不同的策略强化功能元素之间的相互作用，促进系统效率和吸引力的提升。负反馈组合则揭示了不当的功能组合方式可能导致的干扰或重复等问题。

　　同时我们也介绍了如何用抽象建模的方式理解功能组合，特别是功能泡泡图的使用，帮助设计师在复杂的功能关系中找到清晰的组织逻辑。最后，我们讨论了功能组织的创新重构方法，包括既有原型迁移、元素关系重组和元素分解重组。这些方法不仅展示了功能策划的灵活性和创新性，也为实现建筑产品个性化和满足现代用户复杂需求提供了有效方法。通过这些策略，设计师可以推动建筑设计向着更加高效、有吸引力和符合未来发展的方向前进（**图3-51**）。

　　了解了元素的基本性质以及组合方法后，在下一章的内容中，我们将具体分析功能组合的定位方法，探究如何设计出符合时代需求的产品。

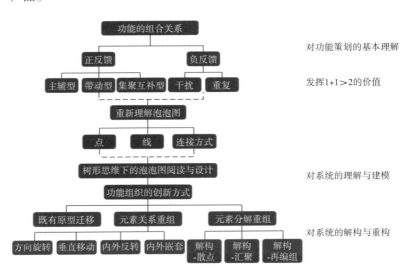

图3-51　本章小结

·············· 章节阅读打卡 ··············

印象深刻的地方（感想）：

想要提问的问题：

04

应用：功能策划的现代需求

"如果我当年去问消费者，他们想要什么，他们肯定会告诉我一匹更快的马。"

——亨利·福特

第1节　建筑的功能定位

在深入理解了建筑的基本功能元素和其内在组织关系之后，我们需要仔细思考功能策划的目标，即建筑的功能定位。在当前时代环境下，仅仅满足基础需求的产品几乎已达到饱和状态。因此，**深入理解设计的真正目的和市场的真实需求，进而设计出更具个性甚至引领用户需求的建筑产品成为新一代设计师的关键命题。**

从其他专业产品的设计视角出发，以运动鞋服为例，如果我们观察过去十几年国内产品设计的趋势，不难发现许多产品曾缺乏对品牌定位的深刻思考，导致了即使产品质量过关，也难以赢得用户的心，即便是打折促销也难有竞争力。而真正赢得用户青睐的产品，都是通过精准的定位找到了自己的发力方向。

以阿迪达斯为例，这个品牌最初以足球装备而建立市场霸主地位。进入20世纪80年代，耐克借助NBA的热潮与全民跑步的兴起，精准定位于跑步与篮球鞋，成功突围。类似地，中国品牌安踏与李宁通过专注全民马拉松与国潮等特定市场细分领域，找到了属于自己的发力点，实现了国产品牌的突破。

每个个体或者团体所能掌握的资源都是有限的，没有一个鞋服品牌可以专注于所有运动产品，就像没有一个建筑的设计可以面面俱到地满足所有需求，空间有限，造价也有限，因此，通过精准定位用户需求和市场趋势，找到设计的发力方向就显得尤为重要。**设计就是在有限的资源下找到最优解的过程。**

如果没有深度思考建筑的功能定位，建筑可能仅仅成为一个空有其表的雕塑造型，无法让用户真正共鸣。例如，福斯特设计的**大同美术馆（图4-1a）**是由一系列相互连接的"金字塔"构成的地景建筑，虽然视觉上引人注目，但功能上仅提供基础的展览空间，金字塔屋面也仅为供欣赏的造型，无法为用户提供更多互动功能。

相比之下，斯诺赫塔建筑事务所的**奥斯陆歌剧院（图4-1b）**采用了类似的地景建筑策略。不仅在建筑内部设置了酒吧、教育空间等配套功能，还将建筑屋顶开放作为可上人区域，创造开放的公共广场空间，市民可以拾级而上，远眺奥斯陆市政厅或欣赏海上表演。

　　两座建筑采用了类似的造型手法，但正确的功能定位与设计会使建筑超越单一的视觉印象，成为城市文化和社会活动的有机组成部分，在有限的资源下为用户提供了更多丰富体验。

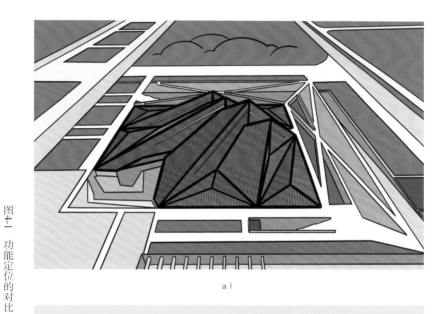

a）

b）

图4-1　功能定位的对比

a）大同美术馆（福斯特建筑事务所）　b）奥斯陆歌剧院（斯诺赫塔建筑事务所）

　　当代的建筑师要扮演的不仅仅是去完成甲方任务的角色，而是通过分析产品定位，提出建筑的可能性，为各方创造更大的利益。这一过程要求建筑师在设计之初，就从多个维度对建筑功能进行全面的思考。设计师不仅需要从宏观层面考虑建筑功能在整个社会中的意义，也需要思考设计对象与周边建筑功能之间的关系，同时还需要考量使用建筑的用户的特性与需求。

一、宏观社会定位

　　社会定位强调了理解产品在广泛社会背景下的作用与重要性。中国面对"贫油"资源现状，需要实现从依赖化石能源向发展新能源的转变。比亚迪自21世纪初开始着手电动车研究，这一策略正是基于对国家与社会宏观需求的精确把握，使其能够紧跟乃至领航国家能源战略。对社会定位的把握帮助比亚迪公司在资源有限、技术起步落后的不利条件下，成功实现了在电动车市场上对传统燃油车的技术领先和市场超越。

　　在对建筑产品的社会定位进行分析时，首先需深入理解城市的整体功能构成及各功能在城市生活中的价值与目的。城市的**三大功能核心——办公、居住、商业——构成了城市生活的基础。**围绕这三大核心，衍生出了文娱、会展、交通等配套设施以及其他辅助性功能，共同支撑着城市的全面发展（**图4-2**）。随着时代的演进，这些基本功能的定义与概念也会发生进化，以适应新的社会需求。因此，我们必须基于当前时代的需求，重新审视和思考建筑的基本功能，以确保其能够有效地服务于当前社会和城市的发展。

图4-2　城市功能构成

（一）办公功能

在过去，城市办公空间的概念常常与工厂车间联系在一起，它们为城市环境带来了不少污染问题。然而，随着计算机办公模式的普及，高耸的办公大厦成为新时代办公空间的象征。北京的**中国尊和中央电视台总部大楼**等标志性建筑，不仅代表了现代化办公的方式，同时也成为城市的一张名片（**图4-3**）。如今的办公功能在城市结构中充当着中心节点的角色，有效地促进了人口、资金和物流的流动。更重要的是，办公功能的聚集效应还会带动城市其他服务功能的发展，如酒店和商业服务的需求增长，进一步推动了城市经济的繁荣发展。

图4-3 办公——城市的经济基石

（二）居住功能

住宅在城市的功能结构中，就如同低流动性的长期基金，为城市建设提供了稳固的资金与用户基础。众多城市采用边开发边融资的模式，进而持续推进城市建设。作为上海的金融与贸易区，**上海陆家嘴**（**图4-4**）原本只是一片普通的居民区，通过初期的土地开发与基础设施建设吸引了大量金融机构入驻，奠定了其作为金融中心的基础。随后，随着商业设施和住宅项目的陆续推出，陆家嘴开始吸引更多居民和商业活动，也为城市的进一步发展提供了资金支持。更完善的基础设施又进一步吸引了更多企业与居民进入，为城市发展打造了一个正反馈的循环，成就了今天我们所见的繁荣景象。

图4-4　上海陆家嘴

　　酒店是另一种提供居住功能的建筑类型，而好的临时居住场地对于延长游客和商务人士在城市中的逗留时间起到了关键作用。以东京的**帝国酒店（图4-5）**为例，这座标志性建筑不仅因其卓越的服务和核心地理位置而闻名，还成为商界和政界人士的首选住处。帝国酒店在促进经济交流和社交活动方面发挥着不可或缺的作用，对于推动城市的国际商务往来和旅游业发展贡献显著。

图4-5　帝国酒店（东京）

（三）商业功能

人群的集聚形成了城市，商业交易是城市功能的重要组成。当代的商业已经不仅仅满足用户的购物功能，还成为一个类似公园的公共交往场所。以**重庆光环购物公园（图4-6）**为例，该项目成功融合了购物与休闲游憩体验，设计师在商场内创造了一个7层通高的玻璃植物园空间，为游客打造了一个沉浸式的游客目的地，同时也为整体商业空间带来了大量人流。购物中心不仅为消费者提供了便利的零售空间，也成为消费者最易触达的娱乐场所。

零售商业功能的选址目标在于覆盖城市中尽可能多的人群，这一点与公共服务网点的需求高度一致。 相同的需求催生了新的功能组织方式：将零售商业与基础办公服务网点功能进行结合，使商业空间成为"一站式"生活服务场所。在现代购物空间里，人们不仅可以进行传统的购物活动，还能处理如缴纳通讯费、水电费，甚至进行签证申请等公共服务事务。零售商业以服务网点的形态为周边居民提供了各类生活便捷服务，从而丰富了商业空间功能的角色。

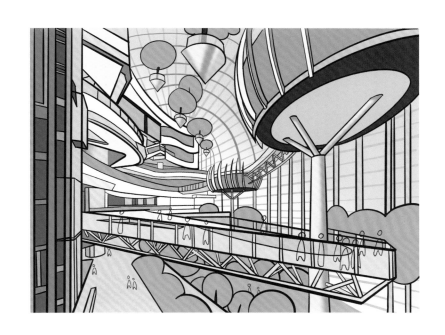

图4-6 重庆光环购物公园（PHA+LEAD 8）

（四）文娱功能

围绕城市的核心办公、居住、商业功能，文娱功能在当代成为居民生活中的另一诉求。**桥上书屋（图4-7）** 便是通过文娱功能促进社区连接的典型案例。原本它所连接的两座村庄因一条河流而分隔，关系较为疏远。通过一座既是桥梁又兼作公共书屋的建筑，建筑师不仅在物理上连接了两座村庄，更在文化和社交层面架起了桥梁。这座桥成为儿童们的阅读和娱乐场所，激发了两个村庄之间的交流和友谊，逐步消解了之前的隔阂。通过文娱功能的引入，加强了社区间的信任和沟通。

（五）会展功能

会展建筑作为集知识分享、商业交易、社交互动于一体的综合平台，对于加强城市与全球沟通具有不可替代的作用。会展功能帮助城市作为一个整体吸引外部投资和活动，能有效提升城市形象，促进城市价值的广泛传播。成都的中国西部国际博览会、杭州的亚洲电子商务博览会、青岛的国际啤酒节等会展活动，都体现了各城市的特色和实力，也为当地企业提供了与世界接轨的舞台。包括五年一届的世博会，同样也为各个城市和国家提供了一个集体向世界亮相的重要机会**（图4-8）**。会展建筑作为这些交流活动的核心空间，不仅需要满足展示与交流的功能，同时也应展示出城市的特色形象。

图4-7　桥上书屋（李晓东）

图4-8　2020年迪拜世博会中国馆（何镜堂）

（六）交通功能

　　城市交通作为促进城市内部及与外界沟通的重要枢纽，确保人员、商品、信息的顺畅流动，对城市的发展至关重要。高效的交通系统不仅是城市运行的动脉，也是支持城市后勤和基础设施的关键。站点和交通枢纽的设立，能有效带动人流，为周边区域注入商业和社会活力。俗语说"要想富，先修路"和"地铁一响，黄金万两"，都表达了交通便捷度与城市发展、地产价值之间的直接联系。在现代城市规划和发展中，这样的逻辑依然适用。

二、中观区位定位

　　从社会角度我们重点分析了功能在当下城市中扮演的角色，**区域功能定位更专注于建筑和周边环境之间的互动关系。以粤港澳大湾区的城市群**（图4-9）发展规划为例，其战略便是基于各城市功能的互补性来构建：中国香港担纲金融与航运中心，中国澳门专注于发展旅游业，深圳则突出其在科技创新方面的领导地位，而佛山、惠州、东莞等城市则主要负责制造业，共同促进了整个区域的经济多元化和综合竞争力。这种基于地缘优势和功能互补的区域定位，推动了粤港澳大湾区成为一个高效协作、功能完备的城市群。

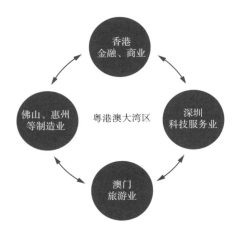

图4-9　粤港澳大湾区城市群

　　城市及其建筑的定位不仅要考虑自身的功能，还需考虑如何与周边环境和城市产生互动并相互协调。**腾讯滨海大厦**（**图4-10**）位于深圳南山科技园内，作为一座超大型企业总部，它的功能远超过传统的办公空间设定，对员工在办公室一天的日常生活都进行了考虑。为了弥补科技园区办公之外业态的缺失，建筑自身在设计中引入周边区域缺失的功能，比如餐饮、培训、运动等服务设施，以满足员工的日常需求，设计出了一座满足员工需求的人性化工作场所。

图4-10　腾讯滨海大厦

图4-11 北京大悦酒店

　　当周边环境配套完善后，建筑可以集中精力于其核心功能。**北京大悦酒店（图4-11）**临近大悦城购物中心，由于周边商场已提供了丰富的餐饮、娱乐服务，酒店便可减少内部的相应配套，专注提升住宿质量。通过与大悦城的直接连接，同一开发商的两座建筑可以功能互补，避免服务重叠。这种策略体现了与周边功能关系的深思熟虑，优化了建筑功能布局。

三、微观用户定位

　　在设计过程中，除了考量社会和城市维度外，**从用户的视角审视建筑的功能定位是至关重要的。**这要求设计师深入了解目标用户群的具体需求，包括他们的年龄、消费习惯、偏好、经济能力以及对服务或产品使用的频率等方面。以**海伦斯小酒馆**为例，与传统的、价格较高的酒馆不同，海伦斯专注于服务年轻消费者，对应在营业位置上选择位于城市中心但租金相对较低的高楼层，并提供低价饮品和简单的背景音乐，为年轻人提供一个既时尚又具有性价比的聚会场所。这种基于用户细分的定位策略，使海伦斯小酒馆在竞争激烈的市场中脱颖而出。

　　建筑也同样如此。但往往设计师拿到任务书后经常不加思索地开始平面图布置，很少思考产品具体针对的是什么样的用户、既定的功能面积分配有无改进空间。比如对于住宅产品来说，也有很多不同的用户类型，如在新加坡，既有廉价的**政府组屋**（**图4-12**），也有高品质的豪宅，不同的产品，我们需要具体思考面积的分配比例。对于组屋来说，更多的是考虑建筑本身能够提供居住功能，公共配套的面积会相对较少；对于豪宅而言，比如扎哈·哈迪德设计的豪宅**丽敦豪邸**（**图4-13**），就会通过会所、泳池、游乐设施等建筑配套，为豪宅提供产品溢价。**基于用户的不同需求，设计师应对标准的功能配置进行调整，从而得到更具针对性的产品。**

面对不同的建筑类型，我们均需要仔细考虑建筑的功能定位，从而从众多不同的竞品中脱颖而出。中国香港的**APM商场**特别针对年轻的办公族，通过"夜行零售"的创新概念来满足他们的消费习惯。这个策略回应了年轻人白天上班或工作、夜晚活跃的特性，将各商业功能的营业时间延长至午夜十二点，部分餐饮业甚至开至深夜两点。通过调整营业时间和引入夜间消费者偏好的娱乐形式，APM商场不仅

图4-12　杜生庄政府组屋（WOHA）

图4-13 丽敦豪邸（扎哈·哈迪德）

提高了资源的使用效率，也为年轻消费者提供了更多的购物与娱乐选择，精准的用户定位为常规的商业业态赋予特殊的活力。

除了分析用户的经济水平和消费习惯，用户所处的成长阶段也是产品定位的关键因素之一。位于深圳的办公塔楼**汉京中心（图4-14a）**需要面向多样化的租户群体，设计师采用了外置核心筒的设计，从而使得建筑平面更加开放，创造出标准化的灵活办公空间以满足各种企业的不同租用需求，如租用多层或租用单层的一个部分。与此相对照，UNStudio设计的**缤客（Booking.com）总部大楼（图4-14b）**则是针对单一大型成熟企业的需求，建筑专注于如何增进员工之间的交流与合作。因此在设计中包含了个性化的大型中庭、楼梯和连桥，这些元素不仅促进了空间的视觉连通性，还鼓励员工在不同的工作区域之间移动和互动，从而激发创造力和团队精神。**即使是同为办公建筑，面对不同的用户需求和成长阶段，其功能定位和空间组织形式可以有很大的差异。**

a）

b）

图4-14　满足用户不同成长阶段的功能需求
a）汉京中心（汤姆·梅恩）　b）缤客总部大楼（UNStudio）

图4-15　海洋公园万豪酒店（Aedas）

对用户的具体使用目的的分析同样会影响到功能策划。对酒店设计而言，度假酒店旨在满足游客在度假期间的全方位需求，包括餐饮、住宿、娱乐和休闲等，例如，中国香港**海洋公园万豪酒店**（图4-15），通过其与自然景观的无缝融合和提供丰富的休闲设施，如室外游泳池、室内水族馆、儿童游乐区等，营造了充满度假氛围的体验。而商务酒店则更注重满足商务出行人士的基本住宿和会议需求，在高密度的城市中将更关注高效的平面布局，配套会议室、商务中心等便利办公功能。这两种不同类型的酒店设计，清晰地反映了根据使用目的的不同，产品提供也会有所不同。

第2节　当代功能组织的复合化策略

一、功能复合的历史趋势

在理解了功能定位的主要分析角度后，我们开始结合当下的时代需求探讨当代功能策划的趋势，随着技术进步和社会生活节奏的加速，人们对高效率和便利性的需求愈发强烈，导致设计领域内一个显著趋势的出现——功能复合化。这种趋势穿透了从日用产品到建筑设计乃至城市规划的所有层面。例如，**瑞士军刀（图4-16）**将刀片、剪刀、钳子等多功能工具集成于一个便携设备中，极大提高了使用的便利性和实用性，从原始社会的单一工具发展到如此复合的多用途工具，充分展现了功能复合化的发展趋势。

图4-16　从石器时代工具到瑞士军刀

从提供单一功能到多功能复合的过渡是人类产品发展中的一大趋势，智能手机便是这一趋势的典型代表。最初的手机是由美国贝尔实验室开发的**移动电话（图4-17a）**，主要功能是为战场提供通讯支持。而今天，**智能手机**已经远远超越了其最初所能提供的功能，成为集合通讯、娱乐、支付、摄影等多种功能于一体的综合设备。这种功能的复合不仅提升了设备的实用性，也极大地丰富了用户体验，手机成为一个可以访问世界上几乎所有的信息和服务的平台（**图4-17b**）。

a）　　　　　　　　　　　b）

图4-17　手机的功能演变
a）世界上第一部「移动电话」手机　b）智能手机

　　建筑设计领域同样发生着从单一功能到功能复合化的转变，这一趋势使得建筑可以更有效地满足人们多元化的日常需求。以美术馆和博物馆为例，它们最初的主要功能是为贵族收藏珍品，通常不向公众开放，缺少公共空间。然而，随着时间的推移和社会的进步，博物馆的角色和功能经历了显著的转变与扩展。考虑到博物馆对社会的价值，研究和展览功能被引入，并开始向公众开放，如柏林老博物馆便是在这样的背景下，开辟了专门的陈列室，定期对外开放。而现代的博物馆不仅承担着收藏和展示的任务，其功能已经扩展到教育、公共活动乃至商业、餐饮和娱乐等领域，成为一个多功能的社会文化平台（**图4-18**）。

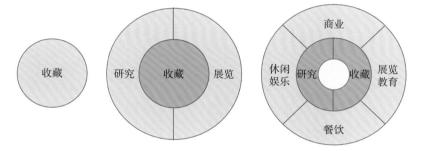

　　从单一功能到多功能复合的转变反映了社会对于空间使用效率和灵活性需求的提高。这种发展趋势使得建筑超越了传统的功能界限，成为满足日常生活各方面需求的多功能平台。在实践中，这种功能复合的策略主要分为两个方向（**图4-19**）。首先是三维空间的复合，这种策略通过设计建筑的功能布局，使得一个建筑能够集成多种功能。其次是四维时间上的复合，这种策略关注的是建筑功能随时间的变化和转换，提高空间的使用效率。

三维空间的复合

最大化功能的集成

四维时间的复合

功能的融合和转变

二、三维空间的复合

（一）基本建筑功能的复合

　　基本建筑功能的复合策略将多种功能集成于一个建筑之中，以实现正反馈的功能组合。**首尔城东文化福利中心（图4-20）**将展览、剧院、图书馆、儿童活动区等多种城市公共功能与传统的政府建筑进行融合，丰富了政府建筑的功能并减少了其排他性和距离感。建筑底部采取了开放的造型手法，将内部空间尽可能地展示给公众，以吸引更多市民参与和活动。通过功能的复合策略，办公建筑服务市民的意义被重新定义。

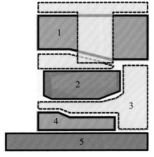

图4-20　首尔城东文化福利中心（韵生同建筑师事务所）

1—图书馆
2—剧场
3—美术馆
4—儿童活动区
5—停车场

　　SOM设计的纽约**新学院大学中心**（**图4-21**）集成了教育建筑所需的各项功能。设计师根据功能的公共与私密进行了精心布局：一层到三层配备了礼堂、餐厅等公共空间，中层安排了教室、工作室教室、图书馆等教学功能，而九层到十六层则是学生宿舍，提供了私密的生活空间，在一栋建筑中满足了教育活动的各类功能需求。

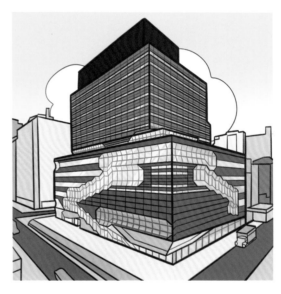

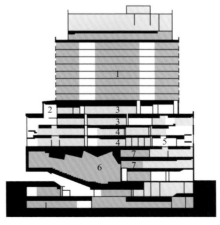

图4-21　新学院大学中心（SOM）

1—学生宿舍
2—咖啡厅
3—图书馆
4—工作室教室
5—管理区
6—礼堂
7—教室

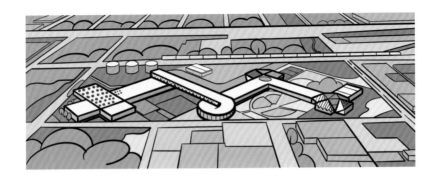

图4-22　西路易斯维尔食品港（OMA）

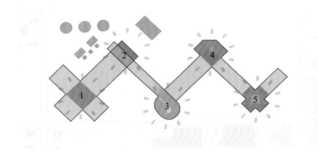

1—生产
2—办公
3—教育
4—工艺
5—零售

　　OMA设计的**西路易斯维尔食品港（图4-22）**是一个典型的功能复合案例，通过整合生产、运输、消费和回收等农业相关的全流程，将传统农贸市场的概念推向了新的高度。该项目不仅包含城市农场和食用花园，还拥有市场、食品卡车广场、零售空间、教育设施和回收中心等多种功能场所，形成了一个综合性的食物产业生态系统。这样的设计不仅促进了上下游产业的协同发展，而且大大提高了当地食品行业的运作效率，使得西路易斯维尔食品港成为促进地区经济发展的关键节点。

（二）建筑与城市基础设施复合

　　城市基础设施包括交通设施、公共事业设施等，传统上往往独立于城市的其他功能，有时甚至造成城市空间的隔断。而现代建筑设计趋向于将这些基础设施与建筑的功能相融合，旨在更高效地利用城市的基础设施，同时增强城市的连续性和活力。

OMA设计的**泽布鲁日港口大楼方案（图4-23）**通过将交通枢纽与公共休闲功能结合，创造了无缝衔接交通枢纽与日常生活功能的用户体验。该方案的底层为地铁、火车、汽车等的交通枢纽，而通过电动扶梯，人们可直接进入中层的旅馆和餐饮区，或进一步上达顶层的娱乐设施，包括露天剧院和日光浴场等。这种组合策略丰富了传统交通建筑的功能，为用户提供了从日常出行到休闲娱乐的无缝体验，使得用户在同一个场所内就能从日常的忙碌转变为放松享乐的状态。

图4-23　泽布鲁日港口大楼方案（OMA）

1—休闲
2—客房
3—阶梯室
4—停车
5—储藏
6—车道
7—办公

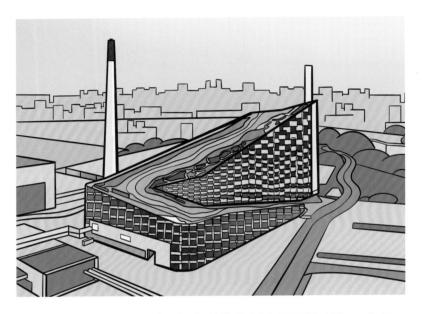

图4-24　CopenHill新型垃圾焚烧发电厂+滑雪场（BIG）

　　BIG设计的**CopenHill新型垃圾焚烧发电厂+滑雪场（图4-24）**是一个将公共事业设施与城市休闲功能巧妙融合的先锋案例，这个项目在工厂的顶部创建了一座开放的滑雪场，让原本与公众生活相隔绝的工业设施成为城市居民休闲和运动的新去处。除了滑雪，CopenHill还提供露天酒吧和健身攀岩等设施，有效地将一个单一功能的工厂转变为一个充满活力的公共空间。通过这种创新设计，CopenHill为城市带来了新的娱乐体验，成为城市中一个不容错过的热点。

　　城市建设的第一代产品通常都是满足基本"温饱"需求的单一功能建筑，而当下我们更需要对所谓的"固有规定"进行重新反思。通过功能复合的设计策略，我们可以有效激活城市中的各种空间。传统的桥梁只扮演连接的纯交通功能，OMA设计的**第11街大桥公园（图4-25）**代表了这样的城市空间功能复合趋势。这个项目将传统桥梁的基础交通功能与城市公共生活空间相结合，通过在桥上增设露天剧场、演出空间、咖啡厅等多种公共设施，从而将其转化为一个充满活力的社区公园。复合的功能策略使得作为基础设施的桥成为城市公共活力空间的一部分。

图 4-25　第 11 街大桥公园（OMA）

（三）建筑与城市公共空间复合

　　随着城市空间日益珍贵，建筑与城市公共空间的复合成为创造新型公共空间的重要策略。丽娜·博·巴蒂设计的**圣保罗艺术博物馆**（**图4-26**）有效利用了街道标高下的空间设置报告厅、办公室、图书馆及其他辅助设施，同时把街道标高以上的展览空间架空，在建筑的上下部分之间创造了一个开放的公共广场，成为城市重要的公共集会场所，通过建筑与城市公共空间复合让建筑发挥了更大效用。

图 4-26　圣保罗艺术博物馆（丽娜·博·巴蒂）

图4-27　拱廊市场（MVRDV）

　　建筑与城市公共空间的复合能有效提升城市生活的质量和便利性，为市民尽可能提供更多社交、休闲场所。荷兰鹿特丹的**拱廊市场**（**图4-27**）将公寓与城市公共集市功能巧妙结合，利用公寓功能形成的拱顶为底部的集市提供了遮蔽，为周边住宅居民提供了便捷的购物体验，大大提高了生活效率。

　　城市建筑与景观的复合是创新地利用空间以满足公共需求的一种方式。BIG设计的**瑞士螺旋钟表博物馆**（**图4-28**）通过将其主体结构埋置于地下，屋顶被绿色草坪覆盖并与场地景观相融合，建筑屋面成为场地公共空间的一部分。

图4-28　瑞士螺旋钟表博物馆（BIG）

三、四维时间的复合

为了实现功能的复合，我们不仅可以在建筑的不同空间中提供不同功能，事实上我们还可以在单一空间内实现功能复合，让建筑功能随时间变化而变化。这种设计理念在产品设计中同样常见（**图4-29**），例如多功能切菜器通过更换刀片实现不同的切割方式，即通过**核心元素置换**实现了功能的变化。而沙发床通过形态转换，既能作为日间的休闲沙发，也能在夜间转变为床铺，通过**空间形状可变**带来多功能性。通过单一空间功能在四维时间上的变化，设计师可以为用户提供更大的灵活性和便利性，实现资源的高效利用。

图4-29　核心元素置换和空间形状可变

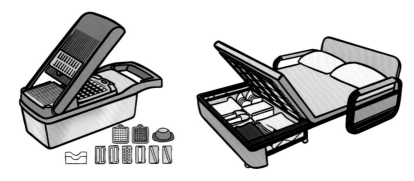

（一）核心元素置换

在建筑领域，存在着类似于多功能切菜器的设计逻辑，即通过更换或调整空间中的核心功能元素来适应不同的使用需求。**纽约洛克菲勒中心**（**图4-30**）作为世界上最著名的广场之一，位于城市的核心地带，其设计巧妙地保证了空间全年四季的有效利用和趣味性，避免了潜在的空间浪费。在冬季，广场被铺上临时的溜冰场并装饰以圣诞树，转变为纽约著名的滑冰和节日庆祝场所。随着季节变换到春天，广场则摆放户外餐桌，成为一个受欢迎的高密度城市休闲餐饮区。这种根据季节变化调整广场核心功能元素的设计策略，有效地实现了空间功能的多样化。

对于建筑而言，核心元素置换通常指改变家具和室内空间摆件等，而在城市中则可以通过变换单个功能建筑实现。建筑电讯派的**插**

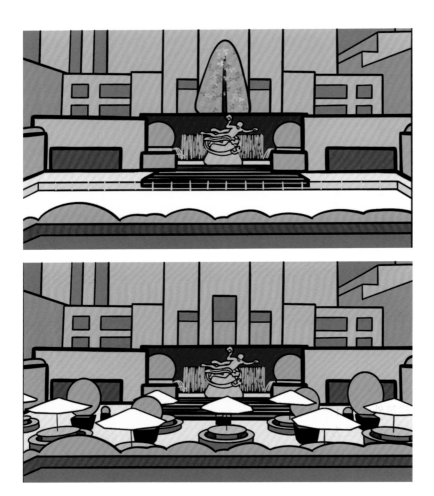

图4-30　纽约洛克菲勒中心

件城市（图4-31）通过可插拔的住宅和公共设施单元，实现城市空间的动态适应和功能变换。这个构想中的居住单元、办公室、商店，甚至公园等，都被设计为可插入或卸下的模块，使得城市能根据居民需求的变化进行快速调整，例如向城市局部添加或更换住宅单元，该区域可以转变为城市的居住区。这种策略极大提高了空间利用效率和灵活性，为未来城市提供了新可能。

图4-31 插件城市

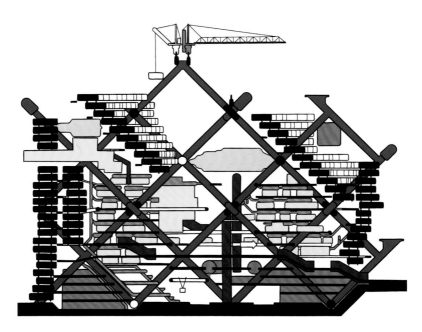

（二）空间形状可变

空间的形状影响了它可能承载的功能，通过改变空间形状可以激发不同的功能可能性。The Shed（**图4-32**）采用了一种独特的可伸缩建筑外壳设计。通过沿着滑轨移动的外壳，建筑可以从一个开放的室外空间转变为一个封闭的室内表演场地。当需要举办大型室内活动时，外壳向外扩展，将外部空间转化为室内空间的一部分；活动结束后，外壳收回，空间再次成为开放的公共广场。通过技术实现空间形状的可变，为城市文化活动提供了灵活的解决方案。

图4-32 The Shed（DSR）

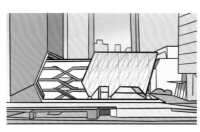
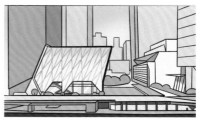

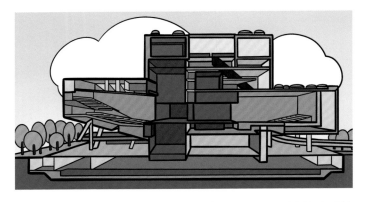

图4-33　台北演艺中心（OMA）

中国台湾的**台北演艺中心（图4-33）**同样引入机械的灵活性，使建筑可以在不同时间满足不同需求。建筑中两座相对设立的剧场插放在集成了舞台、后台以及辅助空间的中央方形体块中。两座剧场既可以分开独立运作，也可以将中间的隔断抬起，创造出一个横跨两侧的巨大空间，让舞台能够变化、融合，满足前所未有的场景需求。在有限空间内通过改变空间的形状，实现了多种剧院功能的复合。

条形码屋（图4-34）针对当前高密度住宅需求提出了一个创新的公寓设计概念，融合了核心元素置换与空间形状可变两种策略。该设计由12种类型的可移动墙壁组成，这些墙壁装配有轮子和桌子、收纳、床等不同家具，便于用户按需调整空间的尺度以及功能，从而创造出个性化的工作室、餐厅、卧室等空间，使得居住空间拥有极高的可配置性和灵活性。

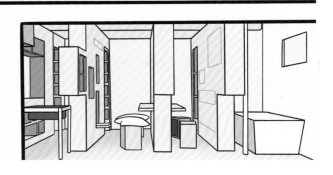

图4-34　条形码屋（studio_01）

　　功能的复合会帮助用户提高效率、节约空间，并且增加使用上的便利性和趣味性。通过三维空间的复合，建筑不仅仅满足提供单一功能，而是成为集成多种功能的综合平台。而在四维空间的复合中，建筑和空间展现了随时间变化而适应不同功能的能力，这种时间维度上的灵活性为建筑带来了前所未有的动态性。

　　随着科技的不断发展和人们需求的日益多样化，功能复合的设计策略也将继续演化，为我们的生活带来更多可能性，推动产品向着更加综合、智能化和人性化的方向发展。

第3节　互联网对功能组织的重塑

　　随着互联网的发展，线上活动已经成为日常生活的一部分，这不仅改变了人们的生活方式，**也对线下空间的功能组织产生了新的要求**。实体空间必须发挥其独特价值，同时与线上空间进行协作，甚至是从互联网产品中吸取功能策划灵感，创造出新的用户体验。

　　在日常生活的社交、购物都可以在线上完成的时代，实体空间需要仔细思考与线上空间的差异，发挥自身的优势。**因此，线下空间不应仅停留在满足基本功能的层面，而应着重于提供线上无法复制的体验。**

　　线上空间的特点在于其可以超越物理空间的局限进行传播，为产品吸引更多用户。设计师可以利用人们对于打卡和社交分享的喜好，通过增强实体空间的展示性来激发用户的分享欲望，使得实体空间在社交媒体中进一步被其他用户体验，实现线下空间在线上的延伸。

　　当代互联网的内容策划经常通过主题化的内容更精准地定位目标用户，实现高效资源配置，**线下空间同样可以采用类似的方式，围绕特定的消费者兴趣或文化趋势进行功能策划**，既满足了用户的个性化需求，也增强了空间的吸引力和竞争力。

　　通过上述策略，实体空间不仅能够在数字时代保持其独特性和吸引力，还能与线上空间形成互补和融合，共同创造出更丰富、互动性更强的用户体验。**互联网的高速发展为实体空间提供了新的发展方向和可能性，倒逼更好的线下产品出现。**

一、功能的体验化

为了与线上空间区分，建筑功能设置应为用户提供更多在空间中**行走、感官体验和交流**的机会，以促进用户与真实世界的深度互动（图4-35）。

行走   感官体验   交流

与传统售卖空间相比，**苹果体验店（图4-36）**中的产品不再仅仅被摆放于玻璃柜或展架之上，与用户距离较远，而是创造了一个宽敞自由的环境，让用户可以直接与产品进行互动。此外，通过组织各类课程和工作坊，苹果体验店还进一步促进了用户社区内的互动交流，体现了传统商场向体验式功能模式的转变。

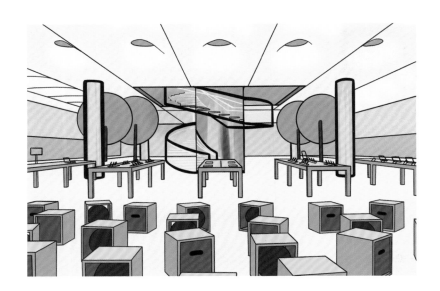

图4-35　线下体验三大维度

图4-36　苹果体验店

在数字化时代，线上办公产品的普及给实体办公空间带来了新的设计挑战和价值需求。**亚马逊总部（图4-37）**的设计响应了这一挑战，设计师在一个充满热带植物的室内雨林中精心规划了一系列公共交流空间。建筑中布置的蜿蜒的小径、木制树屋、日光浴平台、咖啡厅和吊桥等设施，为员工提供了**行走、体验、交流**的理想场所，而且这些设施全部以有机的方式融合于自然之中，让员工可以在没有传统办公隔间和桌椅的环境下工作和交流。线上产品的存在让实体空间会更好地思考自身的价值，激发设计师对未来工作环境的创新探索。

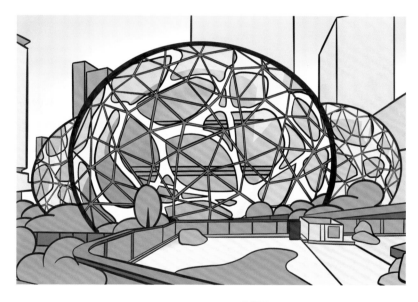

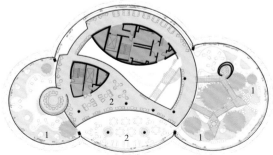

图4-37　亚马逊总部（NBBJ）

1—热带雨林
2—交流区域

　　传统议会大厦通常象征权力中心，与公众生活相隔，相对封闭。然而，**柏林议会大厦（图4-38）**的改造挑战了这一传统。在战争中受损的穹顶经过重新设计，采用玻璃和钢材料，将原本封闭的空间转变为一个透明开放的场所。改造后的穹顶设置了螺旋坡道，允许人们穿过宏伟的大厅，乘电梯抵达顶部，进行观光和休闲。改造后的穹顶不仅为公众提供了观赏城市风景的独特视角，而且使他们能够直接观察到议会的工作，为民众提供了一个行走、体验，甚至与城市决策产生互动的空间。

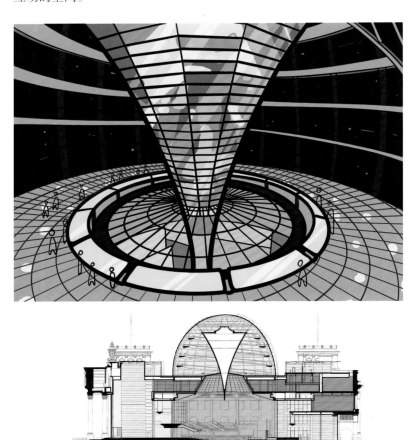

图4-38　柏林议会大厦（诺曼·福斯特）

二、功能的展示化

功能的展示化及其在线传播对于实体空间的运营起到了很大的帮助，利用功能策划思维为用户提供"打卡"空间，吸引用户的使用和参与，进而主动分享和宣传。通过线上平台的扩散，建筑设计得以超越物理界限，触及更广泛的受众。这种策略有效地让实体空间突破地理约束，为产品开发运营者提供更多的曝光机会，增大影响力。

以咖啡厅为例，传统上，其生产设备、烘焙区和厨房等功能区域通常被设计为不被顾客所见的隐蔽空间。然而，这种"前台"服务和"后台"生产分离的模式正逐渐被重新思考和打破：**星巴克臻选（图 4-39）**以咖啡烘焙区域为整个空间的核心，整个空间仿佛是一家位于繁华市区的开放式工厂。星巴克将传统隐藏于"后台"的烘焙过程通过精心设计，公开展示给顾客，以满足用户"猎奇打卡"的需求。设计师重新理解了传统的生产以及销售功能，让生产区域成为"展品"，为商家创造了更多的线上曝光和宣传可能性。

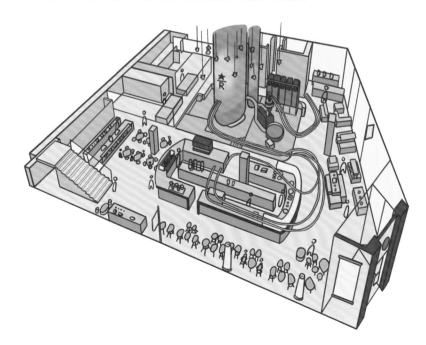

图4-39　星巴克臻选（东京）

　　在图书馆建筑中也可以看到类似的手法，将传统的图书馆的"后台"空间，即书库等，安排至建筑的"前台"，成为展示的一部分。随着传统图书馆"藏、借、阅"的基本功能因计算机和互联网的普及而逐渐模糊，图书馆的核心意义成为吸引人们前来交流的场所。**天津滨海图书馆（图4-40）**把藏书功能搬至中庭，与公共空间融合。仓储空间不再是简单的储藏功能，而是成为具有强烈视觉冲击力的"书山"背景墙，使图书馆成为游客纷纷"打卡"的热门场所。虽然在实际运用过程中采用了很多装饰性的"书壳"替代书籍，但强化常规功能展示性的策略无疑值得被认真关注。

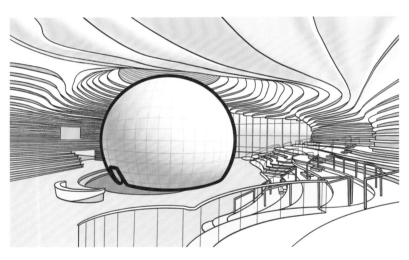

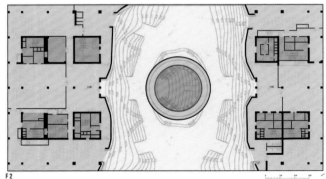

图4-40　天津滨海图书馆（MVRDV）

　　通过对建筑功能进行重组，建筑师更有机会创造出在某些角度更震撼的视觉造型，成为互联网中的"美景"。**枚方T-SITE（图4-41）**建筑场地一侧朝向城市公共广场，因此设计师将服务配套功能布置在远离公共广场的另一侧，而将充满趣味性的商业空间集中面向紧邻城市车站的广场。借助全景露台和半透明地面的设计，建筑内的顾客可以远眺城市广场，建筑之外广场的人们也能远远看到建筑内部发生的一系列有趣的功能和活动，创造出一个充满活力和动感的建筑立面。建筑师通过对商业空间的功能进行重组，强化了建筑与城市空间的连接，也创造出展示性更强的商业造型激发用户的分享欲，实现了对常规商业空间的突破。

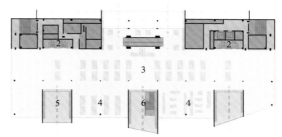

图4-41　枚方 T-SITE（竹中工务店）

1—卫生间
2—交通
3—商业空间
4—书吧
5—咖啡空间
6—活动空间

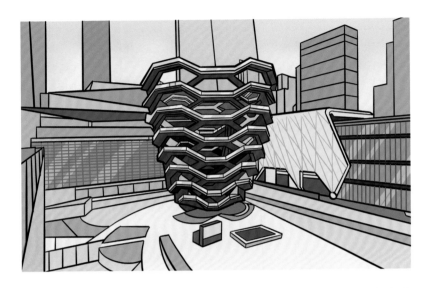

图4-42　The Vessel（赫斯维克建筑事务所）

　　放大到城市尺度，我们也会看到越来越多极具展示性的"打卡建筑"。具体的建筑使用功能或许只能被当地的居民所体验，但展示性的形象往往会随着社交媒体的分享而产生更大影响，甚至作为"强目的性"功能而吸引更多人来到城市"打卡"。纽约哈德逊广场的**The Vessel（图4-42）**就是这样一个例子，建筑由8层重叠交织、连接互通的钢铸楼梯和平台构成，让游客"随手一拍都是大片"，没有常规认知中的具体功能却"刷爆"了社交媒体。在互联网时代，建筑不仅仅局限在常规使用功能，更是城市形象和文化的传递者。

三、功能的主题化

　　在线上领域，"垂直细分"是一种有效的资源分配策略。例如，短视频平台通过对用户行为数据的分析，平台可以识别出用户的主要兴趣点，并根据这些兴趣点推送相关内容或产品。这样一来，用户不仅能在平台上找到他们感兴趣的内容，还能接收到与这些内容高度相关的产品推荐，从而增强用户体验并提高转化率。例如，对于对美食感兴趣的"吃货"用户，平台可以推送与美食相关的短视频内容，如烹饪教程、餐厅推荐、美食评测等。在此基础上，平台还可以进一步推送与这些视频内容相关的产品，如厨房用具、食材配送服务或美食旅游套餐，进而大大提高了资源分配的效率。

　　这一概念的应用不仅限于线上空间，同样适用于线下实体建筑，针对特定用户群体，通过主题化的功能配置创造出更有效的服务。以**乐高总部园区（图4-43）**为例，该建筑以创意办公为主题，旨在为其创意丰富的员工群体提供一个鼓励创新的工作环境。建筑中设有创意工坊、生活配套设施、体育馆和展示区等一系列福利设施，打造出一个既丰富有趣又充满活力的办公环境。

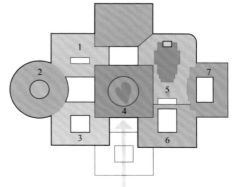

图4-43　乐高总部园区

1—厨房
2—餐厅
3—集会空间
4—校园广场
5—工作室
6—健身
7—公寓

　　许多商业空间的设计采取了主题化组织策略，以此吸引并满足特定用户群体的需求。茑屋家电采用了一种独特的"书+X"模式，被誉为"生活方式提案师"。这种模式通过将书籍与相关的配套产品相邻展示来吸引顾客：**通过书籍锁定兴趣人群，再用其他产品满足对应人群需求。**如在旅游书籍旁边陈列行李箱，美容书籍旁边展示化妆品，使得产品的展示更加高效。这种图书与商品相结合的布局，实现了一种类似于互联网主题化推送的组织逻辑。

　　在中国，众多线下零售空间也采纳了这种主题化的功能组织逻辑。以喜茶为例，其空间设计不仅限于售卖奶茶，而是围绕饮品所吸引的年轻顾客的兴趣和偏好，设计了喜茶实验室、面包店、插画展示、周边商品及娱乐体验等一系列相关产品和服务。这种丰富的体验设计延长了顾客在空间内的停留时间，并增加了消费潜力，同时通过主题展示强化了顾客对品牌的多元化认知。

　　放眼更大的城市尺度，日本有名的**"一村一品"战略（图4-44）围绕村子内的某一特色产品来拓展整个产业链，创造出集聚互补的效果。**日本的马路村以柚子为核心主题，围绕这一主题进行了柚子糕点、饮料、香皂、香氛等一系列产品的开发，而且在城市功能层面上，它还围绕农业主题，连接了文教、科研、商业、旅游等多个服务领域。这样一来，因为柚子与农业而来到这个村子的人也有机会得到与该主题相关的一系列服务与产品。通过这种特色产品战略，不仅拓宽了整个产业链，还提升了地区知名度，实现了高效的功能配置，并为消费者提供了全面的服务体验。

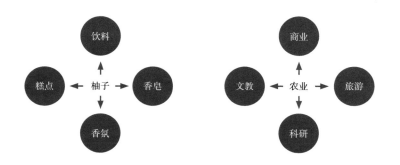

图4-44　日本「一村一品」战略

本章小结

在当代社会，单一功能的标准化产品已难以满足市场的多元化需求。**建筑设计的成功，在于对其目标的深入思考与精准定位，进而实现对有限资源的高效利用，创造出既独特又能突破市场竞争的产品。**

我们可以从社会需求、区位关系及用户需求三个层面展开对建筑定位的分析。同时，紧跟时代趋势，对产品进行创新设计至关重要。本章我们列举了两大趋势：一是功能组织的复合化，通过三维空间与四维时间的策略，推动建筑设计超越传统单一功能的局限。二是互联网对功能组织的影响，我们可以通过体验化、展示化和主题化等策略，促进实体与线上空间的融合互动，共同营造更加丰富、动态的用户体验（**图4-45**）。

当代的功能策划追求的不仅是基本生活需求的满足，而是基于对用户及社会深度的理解，对既有组织模式进行创新重组，创造出具有实用性和创新性的空间，以应对现代社会的多样化需求。

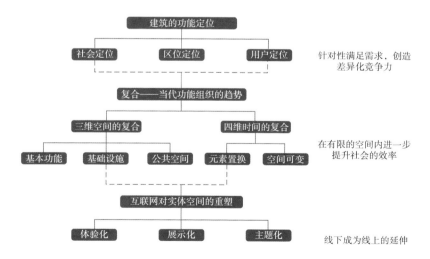

图4-45 本章小结

章节阅读打卡

印象深刻的地方（感想）：

想要提问的问题：

参考文献

[1] 培尼亚，帕歇尔. 建筑项目策划指导手册 [M]. 王晓京，译. 北京：中国建筑工业出版社，2010.

[2] 莱斯大学建筑学院. 路易斯·康与学生的对话 [M]. 张育南，译. 北京：中国建筑工业出版社，2010.

[3] 特劳特，里斯. 定位：有史以来对美国营销影响最大的观念 [M]. 谢伟山，苑爱冬，译. 北京：机械工业出版社，2011.

[4] 王桢栋. 当代城市综合建筑体研究 [M]. 北京：中国建筑工业出版社，2010.

[5] JONATHAN C，CRAIG M V. 创造突破性产品：从产品策略到项目定案的创新 [M]. 辛向阳，潘龙，译. 北京：机械工业出版社，2004.

[6] 加勒特. 用户体验要素：以用户为中心的产品设计 [M]. 范晓燕，译. 北京：机械工业出版社，2019.

[7] REM K，BRUCE M. Small, Medium, Large, Extra-Large [M]. New York: Monacelli Press，2002.

[8] 奥斯特瓦德，皮尼厄. 商业模式新生代 [M]. 黄涛，郁婧，译. 北京：机械工业出版社，2016.

结语
做拥抱时代、拥抱世界的设计师

　　建筑不仅仅是抽象的形式与符号，它是人类社会生活的承载体，也反映了时代的需求与精神面貌。乔布斯曾说，很多的时候，人们并不知道他们想要的是什么，直到你将产品放在他们的眼前。作为当代设计师，我们要扮演的角色远比传统完成标准化任务的"绘图工具"复杂得多。**设计师要深入理解我们所处的时代，洞察人们的生活，从而创造出能够回应乃至引领需求的作品。**

　　世界并非由学科界限划分，而是一个互联互通的整体。传统的学科划分只是为了满足工业化批量生产的需要。**而真正优秀的设计来源于对生活的深刻理解、对时代的敏锐观察，以及跨学科知识的融合运用。**设计是一场综合性的创造过程，它跨越美学、心理学、经济学、市场营销学和管理学等众多领域，挑战我们的观察力、想象力和创造力。因此本书也通过引入丰富的跨学科案例，希望能帮助读者从不同的视角理解建筑设计中的"功能策划"。

　　本书所讲到的"功能策划"能力，不仅是一种掌握有效规划和组织资源、活动或者空间的能力，同时也是创造性分析以及解决问题的能力。相信大家在阅读过程中也能感受到，这种对产品的理解能力会在生活中的方方面面都起到很大的帮助。我由衷地希望"解码系列图书"不仅仅作为建筑设计教材帮助到大家，而是能**激发每位读者对生活与设计的热爱**。未来的时代一定会变化得越来越快，每个人一生中可能会需要不断学习知识与接收信息。而本系列图书中对于思维的讲解，则是帮助我们打开不同新知识大门的钥匙。

最后，祝愿大家对于建筑设计的学习和理解远不止不于"盖房子"本身，而是把它视为一种理解世界、塑造未来的方式。希望通过设计思维的学习和刻意练习，让我们无论身处何地，都能成为那个拥抱时代、拥抱世界的创造者，能够用**创造性的思维自信地解决生命中遇到的新问题**，也能通过设计改善自己以及人类的生活质量。

[内容团队]

聂克谋（km）

创意设计理论研究学者，建筑设计师
湖南大学建筑学学士
美国加州大学洛杉矶分校建筑学硕士
逾十年建筑设计研究与实践经验

致力于用理性思维解剖"只可意会而不可言传"的设计艺术

许可乐

设计创意人、建筑设计师
华南理工大学建筑学学士
美国加州大学洛杉矶分校建筑学硕士
丰富的海内外建筑设计实践及跨学科研究经验

倡导以跨学科的知识体系创造性解决现实世界中"纷繁复杂"的问题

汪欣蕊

设计游戏的建筑师
沈阳建筑大学城乡规划学士

提倡以人为本的空间体验，探索建筑空间的可交互性

[特别鸣谢]

插画设计：周雯欣
技术图设计：林雨漩

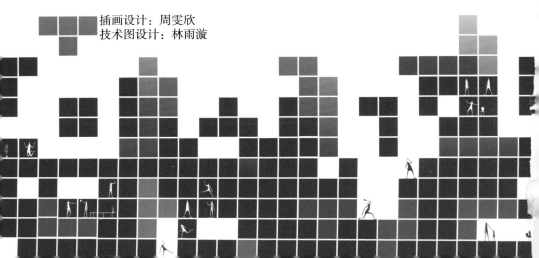